全民阅读·经典小丛书

[美] 房龙◎著

冯慧娟◎编

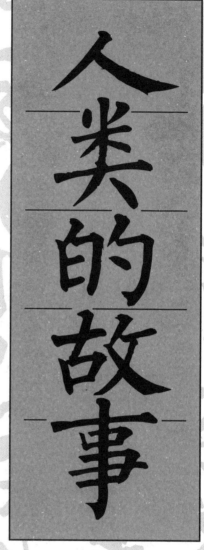

人类的故事

吉林出版集团股份有限公司

图书在版编目（CIP）数据

人类的故事 /（美）房龙著; 冯慧娟编. — 长春：
吉林出版集团股份有限公司，2015.6
（全民阅读. 经典小丛书）
ISBN 978-7-5534-7572-1

Ⅰ.①人… Ⅱ.①房… ②冯… Ⅲ.①人类学 – 通俗
读物②世界史 – 通俗读物 Ⅳ.①Q98-49②K109

中国版本图书馆 CIP 数据核字 (2015) 第 119882 号

RENLEI DE GUSHI

人类的故事

作　　者：〔美〕房龙　著　冯慧娟　编
出版策划：孙　昶
选题策划：冯子龙
责任编辑：刘虹伯
排　　版：新华智品
出　　版：吉林出版集团股份有限公司
　　　　　（长春市福祉大路 5788 号，邮政编码：130118）
发　　行：吉林出版集团译文图书经营有限公司
　　　　　（http://shop34896900.taobao.com）
电　　话：总编办 0431-81629909　　营销部 0431-81629880 / 81629881
印　　刷：北京一鑫印务有限责任公司
开　　本：640mm × 940mm 1/16
印　　张：10
字　　数：130 千字
版　　次：2015 年 7 月第 1 版
印　　次：2019 年 6 月第 3 次印刷
书　　号：ISBN 978-7-5534-7572-1
定　　价：32.00 元

印装错误请与承印厂联系　电话：18611383393

前言 | FOREWORD

　　威廉·亨德里克·房龙（1882—1944年），荷兰裔美国人，曾经做过教师、编辑、记者、播音员，善拉小提琴，是个多才多艺的博学之士。他精通十余种文字，是个伟大的文化普及者，一生中撰写了大量饮誉全球的作品。

　　《人类的故事》是他的成名之作，是一部全景式反映人类历史发展的伟大著作，一部充满了理性、宽容和进步的历史画卷。房龙带着童真的好奇心，以平和的语气、明快的节奏、幽默的比喻和丰富的插图，形象地描述了人类最早的祖先、始前人、埃及、尼罗河流域等许多故事。无论是"历史盲"还是历史专家，都可以在这本通俗人类史中，获得重要启发和愉悦感。

　　这是一部每个人都应该认真阅读的著作。

目录
CONTENTS

第一章　人从何而来

人类一直以来都生活在一个很大的疑问之中：我们究竟是谁？我们来自何方？我们到底要到什么地方去？虽然这些问题目前还没有准确的答案，但我们却已经能凭借相当精确的程度，推断出很多事情来。

第二章　埃及

人类文明产生自尼罗河河谷，来自非洲内陆、阿拉伯沙漠、亚洲西部的人们聚集到埃及，共享那里肥沃的农田。

第三章　两河文明

"两河文明"是人类历史上最古老的文明之一。古希腊人把两河流域叫

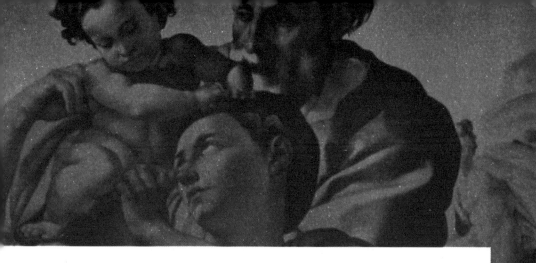

作"美索不达米亚"，也就是"两条河间的国家"之意。

第四章　希腊

相传很久以前，人类曾一度变得很邪恶。因此，众神之王宙斯大怒，用洪水冲毁了整个世界，杀死了几乎所有人类，只剩下狄优克里安与他的妻子皮拉。赫愣就是他们夫妇的儿子。公元前11世纪，赫愣的子孙希腊人摧毁了古老文明的最后一个中心特洛伊。欧洲的历史从此开始了。

第五章　亚历山大大帝

希腊被马其顿的菲利浦大帝颠覆之后，一个希腊式的世界帝国却被他的儿子亚历山大大帝建立起来。亚历山大大帝的雄心壮志结果怎样呢？

目录
CONTENTS

第六章　罗马

假如没有盲诗人荷马歌唱他们精彩的过去，他们的战功和远征绝对很少有人知道。他们关于罗马城建立的自述出现在800年以后，那时这个小城早已成了一个伟大帝国的中心。

第七章　基督教

在相当长的一段历史中，统治世界的原则是：谋杀、战争、纵火和劫掠。只有一样东西没有让欧洲文明彻底毁灭，也没有让人们重回穴居和茹毛饮血的时期，这就是教会。

第八章　中世纪的世界

来自三个方向的敌人威胁着欧洲中部，它变成了一个大兵营。假如没有那些作为职业战士的骑士与封建体制之一的政府官员，欧洲可能早就不存在了。

第九章　文艺复兴

人们又一次敢于因为他们活着而高兴。他们妄图拯救尽管古老但却欢快可人的古希腊、古罗马与古埃及的文明遗迹。他们对自己取得的成就感到十分骄傲，所以称之为"文艺复兴"或"文明的再生"。

第十章　伟大的航程

人们冲破了中世纪的桎梏以后，他们就需要更多的空间去冒险。欧洲在

目录
CONTENTS

他们的野心面前，已经显得实在太小了。航海大发现的伟大时期终于来临。

第十一章　佛陀和孔子

佛陀和孔子的思想照耀着东方，他们的教导和榜样依旧在影响着这个世界上很多同行者的行为和思想。

第十二章　宗教改革

最好把人类的进步比喻为一个钟摆，它不停地向前和向后摆动。人们在文艺复兴时期对艺术和文学的热情以及对宗教的淡漠，在随后的宗教改革时期就变成了对艺术和文学的淡漠及对宗教的热情。

第十三章　英国革命

国王的"神授君权"和虽非"神授"但却更合理的"议会权力"彼此争斗，结果以国王的失败而告终。

第十四章　权力均衡

路易十四时期，法国的"神圣君权"空前高涨，仅有新出现的"权力均衡"原则限制着国王的勃勃野心。

第十五章　俄国称霸北欧

十七岁的彼得一世发动政变，将姐姐索菲亚赶下王位，独揽大权。但他并不满足只做一个半野蛮、半东方化民族的沙皇，他立志要成为一个文明国家的伟大君主。

目录
CONTENTS

第十六章　普鲁士的崛起

现代普鲁士是一个个人抱负与愿望和社会整体利益完全融为一体的国家。它的建立要把功劳算在弗雷德里克大帝之父——弗雷德里克·威廉一世的名下。

第十七章　美国革命

几经周折，英国人终于将整个北美大陆收为囊中之物，但很快在这片新土地上生活着的拓荒者们却与他们的政府产生了矛盾。于是一场战争不可避免地爆发了。

第十八章　法国大革命

18世纪，古老的文明开始腐朽，一场革命就在法国爆发了。法国革命是一次伟大的革命，它向世界宣示了自由、平等、博爱的原则。

第十九章　拿破仑

他并非地道的法国人，但最终成了一切法兰西优秀品质的最高典范。他身材矮小、其貌不扬，但曾使几乎整个欧洲臣服于他的脚下。对他的一生，哪怕只是简单地勾勒一个提纲，也需要好几卷书的容量。他就是拿破仑。

第二十章　民族独立运动的兴起

尽管反动势力手段残忍，但民族独立的热情仍旧高涨。"民族"似乎成了

目录
CONTENTS

人类社会稳步发展的必需品，任何阻挡这股潮流的尝试都会以惨败告终。

第二十一章　机器的时代

在欧洲人为民族独立而奋力抗争的同时，一系列科学技术的发明让他们所生活的世界也发生了翻天覆地的变化。

第二十二章　社会革命

新机器昂贵的造价穷人是承受不起的。原来在小作坊里独立劳作的木匠和鞋匠们，只得在大机器拥有者的雇佣下靠出卖劳动生活。虽然可以比原来多挣些钱，但同时他们也失去了昔日的自由。这种状况他们并不喜欢。

第二十三章　奴隶解放

随着大规模使用机器，棉花的需求量不断增长，黑人们不得不比从前更辛苦的劳动。在监工的非人折磨下，他们开始陆续悲惨地死去。这些残暴行径传到欧洲，许多国家掀起了废奴运动。

第二十四章　殖民扩张与战争

随着机器的广泛使用，欧洲的工厂数量急剧增多，需要的原材料产地也日益增加。欧洲劳工不断膨胀，食品的需求量也稳步扩大。到处都需要开辟更多更丰富的市场。于是，一场殖民扩张竞赛不可避免地发生了。一不留神，还引爆了一场世界大战。

第二十五章　科学的时代

除了政治和工业革命之外，世界还经历了一场变革，这场变革比政治和

目录
CONTENTS

工业革命更深刻、更重大。在饱受长期迫害之后，科学家们终于赢得了行动的自由。现在，他们正试图探索那些制约宇宙的基本规律。

第一章

人从何而来

人类一直以来都生活在一个很大的疑问之中：我们究竟是谁？我们来自何方？我们到底要到什么地方去？虽然这些问题目前还没有准确的答案，但我们却已经能凭借相当精确的程度，推断出很多事情来。

地球出现了生物

起初，我们居住在一个燃烧的巨大球体上（就现有知识所载），这个星球相对于浩瀚无边的宇宙来讲只是一块微小的烟云。几百万年过去了，一层薄薄的岩石覆盖在它燃烧殆尽的表面上。

暴雨无休无止地下在这片生机全无的岩石上，坚硬的花岗岩被雨水慢慢侵蚀掉，冲刷下来的泥土被带到了雾气笼罩的高峰之间的峡谷。

后来雨过天晴，太阳露出笑脸。这颗星球上星罗棋布的小水洼逐渐扩展成为东西半球的巨大海洋。之后的某一天，发生了一个奇迹：生命在这个死气沉沉的世界出现了。

地球生物进化示意图

泥盆纪（4亿~3.5亿年前）鱼类化石

第一个有生命的细胞诞生在大海中。

细胞漫无目的地随波逐流了几百万年。在这个过程中，它慢慢完善着自己的一些习性。这些习性让它能够在环境较差的地球上更容易存活下去。细胞中的部分成员觉得黑沉沉的池塘或湖泊的底部是最舒服的地方，便扎根在从山顶冲刷到水底的淤泥间，演变成了植物。另一些细胞甘愿到处游荡，它们像蝎子一样，长出了奇形怪状有节的腿，在植物和状似水母的淡绿色物体间爬行。还有一些身上被鳞片覆盖的细胞，它们四处游来游去，寻找食物，渐渐进化成海洋里繁若星辰的鱼类。

恐龙帝国的覆灭

在植物的数量不断增加逐渐布满整个大陆的同时，部分鱼类也开始迁出海洋。它们既能用鳃又能用肺呼吸。我们称之为两栖动物，即是说，它们不管是在陆地还是水里均能生活得自在逍遥。路边的青蛙就能告诉你两栖动物在水陆间穿梭的乐趣。

离开水以后，这些动物们越来越适应陆地生活。它们其中的一部分成了爬行动物（类似于蜥蜴一样的动物），和昆虫共享森林的宁静。为了更迅速地穿过松软的土壤，它们不断发展四肢，体形也逐渐增大。最后，这些身高 9 到 12 米的庞然大物占领了整个世界。如果它们和大象嬉戏，就好似猫妈妈逗弄小猫咪。生物学手册将这些庞然大物列在鱼龙、斑龙、雷龙等名下，并统称为恐龙家族。

后来，这些恐龙家族中的部分成员开始了在 30 米高的树顶上的生活。它们不再用腿行走，而且在一棵棵树枝间迅速跳跃，练就了树上生活的必备技能。之后，在它们身体两侧和脚趾间的皮肤上形成一种类似于降落伞的肉膜，在薄薄的肉膜上还长出了羽毛，尾巴则变成导航工具。就这样，它们开始在树林间飞行，成了真正的鸟类。

一件很神秘的事情在这时发生了。在很短的时间里，这些庞然大物全部灭绝了。我们不知道这是为什么。或许是因为气候

角龙复原图

的突然变化；或许是由于它们自身太过庞大，导致行动困难，不能游泳、奔走和爬行，即使肥美的蕨类植物和树叶近在咫尺，但却吃不到，只能饿死。无论原因是什么，这个统治了地球数百万年的恐龙帝国至此彻底消失了。

人类的诞生

当时，不同的动物开始占领地球。这些动物虽然属于爬行动物的后代，但是它们的性情、体质都和自己的祖先不同。因为它们用乳房哺育自己的子孙，所以现代科学称这些动物为"哺乳动物"。

它们的身上既没有鱼类的鳞甲，又没有鸟儿的羽毛，而是覆盖着浓密的毛发。因此，另一些比其他动物更有利于延续种族的习性在哺乳动物身上得到了发展。例如雌性动物将后代的受精卵孕育在体内，一直到它们被孵化；再如哺乳动物不是像当时的其他动物一样把子女们暴露在严寒酷暑中，任由猛兽袭击，而是将下一代长时间留在身边，保护它们直到成年。正因为如此，年幼的哺乳动物获得了很好的生存机会，因为母亲教会了它们很多东西。你看到的猫妈妈教小猫咪怎样照顾自己、怎样洗脸、怎样捉老鼠等等，就是这个道理。

目前，我们到达了历史发展的分界线。这时，突然间脱离了动物的沉默无言的人类，开始凭借脑子来把握自己种族的命运。一种特别聪明的哺乳动物脱颖而出，它在觅食和寻找栖身之地等技能方面大大超越了其他动物。它既学会了用前肢捕猎，又在长期的训练过程中进化出类似于手掌的前爪。在经历了无数次尝试后，它不但能够直立行走，还能够保持身体平衡（这是一个很难的动作，虽然人类已经有上百万年直立行走的历史，但是，直到今天，每个孩子仍要在成长过程中从头学起）。

这种动物一半像猿，一半像猴，但比猿和猴都要优越，它们不但成了地球上最好的猎手，还能够在不同环境中生存。为了更安全和更便于彼此照顾，它们经常成群结队地行动。最初，它们通过奇怪的咕哝声或吼声来警告子女们面临危险。但经过上千万年的进化，它们奇迹般地掌握了如何使用喉音来交流。

你也许很难相信，这种动物竟是我们的"类人"先祖。

人类最伟大的老师

　　早期的人类不知道时间是什么。它们从不记载生日、结婚纪念日或悼亡日，也不使用日、月、年。但是通过一种普及的方式，他们掌握了季节更替的规律。这时，一个特殊的恐怖事件发生了，它和气候有关。炎热的夏日迟到了，果实不能成熟，一层厚厚的积雪覆盖住了原本绿草如茵的群山之顶。

　　大雪绵绵不绝地下了好几个月。所有的植物都被冻死，大部分动物逃到了南方，追寻暖意融融的太阳。和动物一样，人类背着年幼的孩子，肩挑手提的也踏上了逃难的路途。由于人类的速度比动物慢，寒冷又无情的紧逼，为了不坐以待毙，他们开始想办法。

　　首先，为了抵挡寒冷，他们学会了挖捕猎的陷阱：挖大量的深坑，坑上盖上枝条和树叶，如果有一只熊或鬣狗掉进陷阱，他们就用石头砸死它们，然后用猎物的皮毛来做大衣。

　　其次是解决居住的问题。这似乎很简单。因为大多数动物都习惯在山洞睡觉，所以，人类就模仿动物。动物们被驱逐出温暖的巢穴，人类住了进去。

　　虽然有皮衣御寒、有山洞当房，但对于大多数人来说天气还是很冷。大批的老人和孩子相继死去。此时，人类中的一个智者想到了用火抵挡寒冷，因为他曾经差点被火烤死。那时，火是人类危险的敌人。但在冰天雪地里，火却成

新石器时代的火种罐

了人类的朋友。

　　某天傍晚，一只死鸡恰好掉进火堆。最初，没有人留意这件事，一直等到烧鸡的香味飘入人们的鼻子。尝了之后，人们发觉，熟肉的味道比生肉强多了。因此，人类最终舍弃了和动物一样生吃的习性，开始吃起熟食来。

　　渐渐的，几千年的冰川纪结束了。幸存下来的人都是最聪明、最肯动手的。因为他们必须不断和寒冷、饥饿做斗争，他们迫不得已发明了许多种工具。他们掌握了如何磨制锋利的石斧，如何制作石锤；为了安全过冬，他们必须储藏大量食物；他们还学会了制作陶碗和陶罐。于是，几乎毁灭整个人类的冰川纪，最终却成为人类最伟大的老师。因为人类运用自己的头脑是它逼迫的。

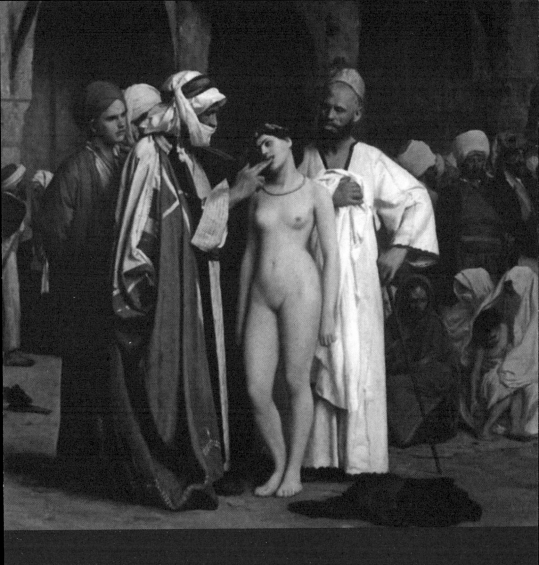

第二章

埃及

人类文明产生自尼罗河河谷，来自非洲内陆、阿拉伯沙漠、
亚洲西部的人们聚集到埃及，共享那里肥沃的农田。

象形文字

我们许多东西均是从古埃及人那学来的。他们是出色的农民，擅长灌溉术。他们修建的神庙不但被后来的希腊人模仿，还成了我们现代教堂的原始范本。被他们发明的日历能准确计算时间，略加改动，沿用至今。特别重要的是，古埃及人发明了文字，它是后人保存语言的方法。

公元前1世纪，古罗马人到达埃及。他们发觉整个尼罗河谷布满一种奇特的小图案，它好像和这个国家的历史有关联。但是罗马人对所有"外国的"事物均不感兴趣，因此他们对这些雕刻在神庙和宫殿墙上，或是描绘在无数纸莎草纸上的奇特图案没有追本溯源。

1700多年匆匆流逝，埃及依旧是一片神秘的地方。1789年，法国的波拿巴将军恰好率兵经过东非，准备进攻英属印度殖民地。但是他还没跨过尼罗河，就大败了。可巧合的是，法国人的这次东征却在无意间解开了古埃及图画文字之谜。

一天，一位年轻的法国军官，感到罗塞塔河边（尼罗河口）小城堡里的生活太单调，就想到尼罗河三角洲的古废墟去转转，顺便翻找古文物。于是，一小块令他迷惑不解的石头被他找到了。不过和埃及的其他物体一样，许多小图像被刻在石头上。和以前看到的其他物件不一样的是，这块特殊的黑玄武岩石板上刻着三种文字的碑文，其中之一就是人们懂得的希腊文。"如果把希腊文的意思和埃及图像进行对比，"他推测道，"立刻就可以解开这些埃及小图像之谜。"

办法好像很简单，但是完全破解这个谜团，已经是20多年后的事情。1802年，一个名叫商博良的法国教授把著名的罗塞塔石碑上的希腊文字和埃及文字做了对比。到1823年，他公布自己破解了石碑上14个小图像的意思。时间不长，商博良因为劳累过度而去世，但是埃及文字的主要内容这时已经天下皆知了。今天，我们对尼罗河流域历史的了解比对密西西比河的清楚很多的原因，就是因为我们握有整整4000年的文字资料。

木乃伊与金字塔

古埃及人相信：如果一个人失去了今世的肉体，那奥赛西斯的国土也不会接纳他的灵魂。所以人一死，尸体马上就会被他的亲属们涂上香料，并进行防腐药物处理。之后，尸体还被放在氯化钠溶液里浸泡好几个星期，再用树脂填满。波斯文称树脂为"木米乃"（Mumia），所以被处理过的尸体就叫作"木乃伊"(Mummy)。人们用特制的亚麻布把木乃伊层层包裹起来，放进特制的棺材里，运到死者的住处。

但是，埃及人的墓穴很像一个真正的家。墓室里不但有家具与乐器（用来消遣进入奥赛西斯国土的无聊时间），而且有厨师、面包师和理发师（这样墓室的主人就可以体面地洗漱、吃饭，而不至于不修边幅地到处乱走）的小雕像。

起初，这些坟墓被建造在西部山脉的岩石里，由于埃及人不断向北迁徙，大量坟墓被建造在沙漠里。不过，沙漠里同样有凶险的野兽和盗墓贼。他们潜进墓室，挪动木乃伊，窃取了陪葬的珠宝。古埃及人为了阻止亵渎死者的事情出现，在死者的坟墓上面又建造了小石冢。之后，富人们开始不断攀比，石冢也就不断被建得越来越高，大家都想建最高的石冢。最高的石冢是公元前2500多年的埃及国王胡夫法老的墓穴，胡夫法老就是希腊人口中的齐奥普斯王。他的墓穴高达150多米，被希腊人称之为金字塔。

胡夫金字塔占地面积为13英亩，相当于基督教最大建筑圣彼得教堂的3倍。在长达20多年的时间里，大约10万奴隶不停地从尼罗河对岸搬运石料，并把石料运过河（我们现在也不知道他们是怎样完成这项伟大工程的），拖过浩瀚的沙漠，之后吊装在恰当的位置上。胡夫法老的建筑师和工程师们出色地完成了任务。直到现在，尽管重达几千吨的巨石从不同的方向历经了几千年的重压，通往法老陵墓中心的狭长过道还是丝毫没有变形。

埃及的兴衰

虽然尼罗河和人类是很好的朋友，但有时，它更好似一个严格的监工。生活在两岸的人们从它身上学会了"协作劳动"的艺术。他们依靠合作精神，共同建造灌溉沟渠，修建防洪堤坝。因此，他们懂得了怎样睦邻友好相处。这种互惠互利的关系直接就为国家的形成奠定了基础。

后来，一个精明能干、权力欲和威望都超过所有邻居们的人出现了。他自然成为社区的领袖，担当了抗击西亚邻邦入侵的军事首脑。最后，他成为统治着从地中海沿岸到西部山脉等广袤土地的国王。

不过，那些勤苦耐劳的农夫们很少对古埃及法老（法老的意思是"住在大宫殿里的贵人"）的种种冒险事业感兴趣。如果赋税合理，没

法老拉姆西斯二世的阿布辛拜勒神庙

埃及托勒密王朝时期在菲莱岛上建立的伊西斯神庙

有被加重过多的繁重劳役，农民们甘愿如同敬爱奥赛西斯似的，受法老统治。

如果某个外族入侵者闯入，霸占了他们的所有，他们的情况就会很悲惨。历经2000年的独立之后，埃及被一个叫作希克索斯的野蛮阿拉伯游牧部落闯入，整个尼罗河河谷被其统治了500年。

底比斯人民在公元前1700年后不久发动了起义，把希克索斯人逐出了尼罗河谷，埃及再一次获得了独立。

1000年以后，亚述人征服了西亚，埃及成了沙达纳帕卢斯帝国的附属国。公元前7世纪，埃及又一次独立，被居住在尼罗河三角洲萨伊斯城的国王统治。可是在公元前525年，埃及被波斯国王甘比西斯占领。到公元前4世纪，亚历山大大帝征服波斯，埃及又成了马其顿的一个省。亚历山大去世以后，他的一个将军自称为新埃及之王，在亚历山大城建立都城，成立了托勒密王朝，埃及再一次获得理论上的独立。

公元前39年，罗马人到达了埃及。埃及女王克娄帕特拉，这个埃及的最后一代君主竭力拯救自己的国家。她用自己那威力比多个埃及军团都大的美貌征服了罗马的将军们。就连恺撒大帝和安东尼将军都拜倒在她的石榴裙下。她凭借着美色维持着自己的政权。但是在公元前30

年，恺撒大帝的侄子和继承人奥古斯都大帝从亚历山大城进入埃及。他没有被埃及艳后的美色迷住，一举歼灭了埃及军队。奥古斯都没杀死克娄帕特拉，准备把她当作战利品在凯旋的仪式上游街示众，供罗马市民观赏。埃及艳后知道这个消息后，服毒身亡。从此，埃及就成了罗马的一个行省。

第三章

两河文明

"两河文明"是人类历史上最古老的文明之一。古希腊人把两河流域叫作"美索不达米亚"，也就是"两条河间的国家"之意。

美索不达米亚

　　现在，你将被我带到最雄伟的金字塔顶部，你可以幻想自己有一双像鹰一样锐利的眼睛。你的目光望向遥远的东方，穿过大沙漠的黄沙，你将会看到一块在闪烁着微光的绿色国土。那是一个在《旧约全书》中被提及的河谷，它位于两条大河之间，是块乐土，也是个神秘的仙境。它被希腊人称为"美索不达米亚"，也就是"两条河间的国家"之意。这两条河流被分别称为"幼发拉底河"（巴比伦人叫它普拉图河）和"底格里斯河"（也被称为迪克拉特河）。它们发源自挪亚逃难途中歇息的亚美尼亚白雪皑皑的群山之中，流过南部平原，流入波斯湾。河流两岸的人民被它们养育着，西亚干旱的沙漠地区也因它们而成为肥沃的花园。

　　人们被尼罗河谷吸引，是因为它提供了足够的食物。人们也同样

幼发拉底河

很重视这块"两河之间的国土"。由于它充满了希望，因此它被来自北部高山的居民和游荡在南部沙漠的部落试图独占，拒绝外人进入。两种势力的长期争夺导致了战争的不断爆发，

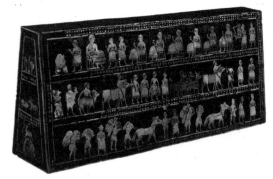

乌尔王的军旗

只有最强大、最聪慧的人才可能生存下去。这就很好地诠释了美索不达米亚成为一个最强大的种族家园，并才创造出一个在各个方面都可以和埃及媲美的伟大文明的原因。

楔形文字

楔形文字的黏土板

15世纪是一个地域大发现的时期。哥伦布为了找到一条能到达香料群岛的水路，却奇迹般发现了美洲新大陆。一位奥地利主教筹备的探险队到东方寻找莫斯科大公国，但却一无所获。二十几年后，西方人才第一次拜访了莫斯科。同时，西亚的古迹被一个叫巴贝罗的威尼斯人发现了，他找到了一种神秘的资料。这种神秘文字有些被刻在了伊朗谢拉兹地区大量庙宇的石壁上，有些被刻在了许多烘干的泥板上。

但是，当时的欧洲正忙于别的事情。到18世纪末期，一个叫尼布尔的丹麦勘测员才把第一批"楔形文字"泥板（这样称呼它，是因为这种文字的字母呈楔形）带回欧洲。很有耐心的德国教师格罗特芬德花费了30年时间，才破译出4个字母，它们是D、A、R和SH，连在一起就是波斯国王大流士姓名开头的4个字母。20年之后，著名的贝希通岩壁楔形文字被英国官员罗林森发现了，它成为我们打开西亚楔形文字大门的钥匙。

和破译楔形文字相比，商博良的任务还是很容易的。因为古埃及人使用了生动的图像。可是最早居住在美索不达米亚的苏美尔人完全放弃了象形文字的思路，发明了把文字刻在泥板上的方法，并演变成为一种全新的楔形文字体系。

用波斯文、埃兰文、巴比伦文三种文字写成的贝希敦铭文

在3000多年的时光里，苏美尔人、亚述人、巴比伦人、波斯人和那些曾经侵占过两河土地的民族，都使用过这种文字。

荣耀与沧桑

凭借着刻在泥板上的楔形文字，苏美尔人为我们讲述了闪米特人的大熔炉——亚述和巴比伦王国的故事。

美索不达米亚的故事包含了太多的征战和杀戮。最初，苏美尔人到达这里，他们是白种人，住在山区，习惯了在山顶祭祀他们的众神。入侵平原地区以后，他们人工造山，还在山顶修造祭坛。他们不会修建楼梯，就用环绕高塔的倾斜长廊来替代。这个创意被现代工程师移用在大型火车站，即用上升的回廊把楼层之间连接起来。之后，占领两河流域的其他种族把苏美尔人同化了，除了他们建造的高塔还矗立在美索不达米亚的废墟中，其他再也找不到踪迹。当犹太人路过巴比伦时，看到这些建筑，便称它们为"巴别塔"（通天之塔）。

公元前40世纪苏美尔人进入美索不达米亚，很快便被阿卡得人征服。阿卡得人是"闪米特人"的一个分支，他们讲同样的方言，居住在阿拉伯沙漠中，因为他们坚信是挪亚3个儿子中"闪"的直系后代，所以称为"闪米特人"。又过了1000年，闪米特沙漠部落的阿莫赖特人征服了阿卡得人。汉谟拉比就是阿莫赖特人最伟大的国王。他为自己在巴比伦建造了一座华丽的宫殿，并颁布了一套法典——《汉穆拉比法典》，把巴比伦变成了古代世界管理最完善的帝国。之后，《旧约全书》

巴别通天塔

记载这块富饶的河谷被赫梯人掠夺，他们还把不能带走的东西全部摧毁。不久，信仰沙漠大神阿舒尔的亚述人征服了赫梯人。以首都尼尼微作为中心，亚述人建立了一个包括全部西亚和埃及的恐怖帝国，并向自己统治下的所有种族征收赋税。公元前7世纪，巴比伦被同为闪米特部族的迦勒底人重建，并且成了当时世界上最重要的都城。迦勒底人举世闻名的国王尼布甲尼撒倡导科学，我们今天的天文学和数学的源头就是迦勒底人发现的一些最基本的原理。

公元前538年，一支蛮横的波斯游牧部落推翻了迦勒底人的帝国，侵占了这块土地。200年后，波斯游牧部落被亚历山大大帝击败，这块拥有众多闪米特部族的富饶河谷变成了马其顿的一个省。之后，占领这里的还有罗马人和土耳其人，而美索不达米亚这个世界文明的第二中心最终变成了一片广漠的荒原。那些巨大的土丘讲述着这块古老土地的荣耀与沧桑。

第四章

希腊

相传很久以前，人类曾一度变得很邪恶。因此，众神之王宙斯大怒，用洪水冲毁了整个世界，杀死了几乎所有人类，只剩下狄优克里安与他的妻子皮拉。赫愣就是他们夫妇的儿子。公元前11世纪，赫愣的子孙希腊人摧毁了古老文明的最后一个中心特洛伊。欧洲的历史从此开始了。

登上历史舞台

　　历史上的某一天，一支印欧种族的小游牧部落告别多瑙河边的家园，往南寻觅新的牧场。那时，金字塔早就矗立了1000年了，已经显露出衰败的痕迹，古巴比伦的伟大帝王汉谟拉比也早就长眠在地下好几个世纪了。这支游牧部落称自己为赫愣人，他们就是希腊人的祖先。

　　在各处的高山顶上，赫愣人看到了爱琴海人的城堡，但他们不敢对其下手。因为他们知道自己手里的粗陋石斧是敌不过爱琴海人手里的金属刀剑的。于是在很多世纪中，他们往来于一个又一个山腰和山谷，四处流浪。直到后来占领了全部土地，他们才安顿下来当了农民。

　　以上就是希腊文明的开端。这些希腊农民最终在好奇心的驱使下走访了爱琴海人。他们意识到：自己原来能够从这些居住在迈锡尼与蒂林斯的高大石墙后面的人们那学习到很多有益的东西。

　　他们非常聪明。不久，就学会使用爱琴海人从巴比伦与底比斯买回的那些奇特的铁制武器，还掌握了航海的方法。因此，他们就自己修造小船，开始出海远航。

　　掌握了爱琴海人的全部技艺之后，他们就倒戈相向，把爱琴海人驱逐出了爱琴海岛。之后，他们涉险渡海，占领了爱琴海上的全部城市。公元前7世纪，他们将克诺索斯夷为平地。于是，赫愣人第一次登上了历史舞台。公元前10世纪，他们成了整个希腊、爱琴海与小亚细亚沿岸地区的统治者。公元前11世纪，希腊人摧毁了古老文明的最后一个伟大的贸易中心特洛伊。欧洲的历史从此开始了。

克里特岛的克诺索斯宫遗址

古希腊城邦

在美索不达米亚或埃及，人们是神秘的最高统治者的"臣子"。这位庞大帝国的统治者居住在皇宫里面，大多数"臣子"一辈子都没见过他一次。但是希腊人的统治者们却是分属于几百个小型"城邦"的"自由公民"。这些"城邦"里最大的也比不上一个现代的大型村庄。如果一个居住在乌尔的农民称自己是巴比伦人，那他就是说自己是向西亚的国王纳税进贡的数百万大众之一。但如果一个希腊人骄傲地说自己是雅典人或底比斯人，那他说的既是自己的家园又是自己国家的小城镇。在那里没有最高统治者，一切由市民自己说了算。

对希腊人来说，祖国是他出生、度过童年和长大成人的地方也是他的父母埋骨的圣洁土地。他的小屋得到它高大城墙的庇佑，他的妻女在它的怀抱里快乐生活。现在你是否明白，这样的生活环境是怎样影响一个人的所思所想、所作所为？虽然他的整个世界只有四五英亩岩石丛生的土地。巴比伦、亚述、埃及的人们只是众多民众中的一分子，就好像一滴水消失在大河里一样。但是希腊人从来没有失去过与周边环境的接触，他一直都是这座小镇里的一员。他能感知到，那些聪明的邻居们在时刻注意着他。无论他干什么——写戏剧、雕石像或谱曲，他都会牢记一点：自己的成绩随时都会得到熟悉的公民们的评判。这种想法迫使他去追求尽善尽美。然而，依据他童年时接受的教导，如果缺少适度与节制，完美就是虚幻的、不真实的，是

雅典卫城帕提农神庙

永远得不到的。

　　因为所受教育很严格，希腊人在很多领域都有非凡的表现。他们创立了新的政治体制，创造了新的文学样式，研究出新的艺术理念，他们的成就是我们今天的人类不可超越的。但不可思议的是，他们创造奇迹的地方，却是相当于现代城市四五个街区的小村落。

古希腊戏剧

古希腊人一向爱好游行。每年他们均会举办游行来尊奉和歌颂酒神狄俄尼索斯。希腊人认为这个酒神住在葡萄园中，整天和一群叫作萨堤罗斯的半人半羊的怪物在一起，过着愉快且放纵的生活。于是，参加游行的人们经常披着羊皮，发出咩咩的叫声仿佛是真正的公羊。

起初，山羊歌手的合唱很令人着迷，也吸引了很多观众驻足在街道两边观看，且笑声不断。但很快，人们就厌烦了这种声音。沉闷乏味一直被希腊人看成是和丑陋、疾患一样的罪恶。于是更吸引人的东西被要求拿出来。之后一个来自阿提卡的伊卡里亚村的青年诗人想出一个很有创意的主意。他命令合唱队里的一个成员走出队伍，和走在游行队伍前面的首席排箫乐师对话交流。这位获得离开行列特权的合唱队员边说话，边挥舞手臂，做出各种手势（这就代表，别人在歌颂的时候，他在"表演"）。他提出很多问题，乐队领队就根据诗人提前写在纸莎草纸上的答案，给予回答。

这种粗糙的问答方式就是戏剧中"对白"的雏形。它经常是描述酒神狄俄尼索斯或另外某个神的故事。观众们马上喜欢上了这种新颖的表演形式。于是，每一次酒神游行的庆典中，均会有如此一段"表演场面"。很快，"表演"成为比游行本身和合唱更重要的形式，合唱队的地位逐渐降到旁观者。

这种新颖的戏剧表演方式很需要一个专门的场地。不久，每个希腊城市就都有了一座开凿在附近小山岩壁边的剧院。观众们面向半圆形的舞台，围坐在周围的木制长凳上。演员与合唱队在台上表演。在舞台后面的一座帐篷里面，演员们在这里化装，他们戴上黏土制作的代表幸福、欢笑、悲哀、哭泣等表情的大面具。

观赏悲剧成了古希腊人生活中的重要组成部分。以后，人们就开始认真对待它，绝对不会仅仅当成放松心灵的一种方式。一出新剧目的上演和一次选举一样重要。一位著名剧作家得到的荣誉几乎超越了一位凯旋的将军。

雅典与斯巴达之战

雅典和斯巴达都是希腊城邦，它们的人民除了讲相同的语言外，其他方面一丝相同点都没有。雅典屹立在平原上，清新的海风缓缓吹拂着它。雅典人民的目光像孩子一样热切好奇地观看着这个世界；而斯巴达则位于被高山环绕的峡谷底部，高山阻挡了外界的事物与新的思想。雅典是一个开放的、生意繁忙的贸易大城市；而斯巴达则是一个人人厉兵秣马，想成为优秀士兵的大兵营。雅典人爱坐在阳光下，探讨诗歌或者倾听哲人的言论；而斯巴达人则与之截然相反，非常熟悉战斗的技巧。实际上，斯巴达人爱好战斗，发自内心的期待战斗，为了战斗他们宁可牺牲人类的全部感情。

在很长一段时间里，斯巴达和雅典和睦相处。但是一件小事却成了他们仇恨的导火索。双方开始交战，战争持续了30年。最终结局是以雅典的彻底失败结束。

在战争开始后的第三年，雅典被一场可怕的瘟疫突袭。在这场天灾中雅典半数人口死亡。他们的首脑伯里克利也在瘟疫中逝世。一个年轻人赢得了公众的欢迎，他很有作为，他就是伯里克利的继任者阿尔西比阿德。

他提出了对西西里岛上的斯巴达殖民地希拉库扎进行一次远征的建议。在阿尔西比阿德的周密指挥下，这个计划按部就班地实施起来。雅典人组织起一支远征军，贮

斯巴达战士的头盔

存了很多军事物资，整装待命。但很不幸，阿尔西比阿德由于卷进一场街头争斗，被逼逃走。接替他职务的是一个莽汉，在这个人的领导下，首先海军损失了所有船只，其次陆军也遭受了灭顶之灾。为数不多的幸存雅典士兵做了战俘，他们被押解到希拉库扎的采石场做苦力，最后死于饥渴。

雅典在这次惨败中伤了元气，年轻人差点都在战斗中身亡。雅典人注定要失败，公元前404年4月，经历了很长时间毫无希望的驻守，雅典最终投降了。这真是一个灰色的时刻，斯巴达人把防护城市的高大城墙夷为平地，把所有海军船舰都掠走了。雅典曾在鼎盛时期建立的以其为中心的伟大殖民帝国，目前，已在政治上彻底沦落了，再也不是帝国的中心。可是那种求知、务实、探索未知的渴望和卓越于世的自由精神却被保留在雅典人的心中，比以前更加灿烂辉煌。

雅典没落了，它再也不能决定希腊半岛的命运。但它永远是人类第一所大学的发源地，人们的心灵将继续接受它的指导。

第五章

亚历山大大帝

希腊被马其顿的菲利浦大帝颠覆之后，一个希腊式的世界帝国却被他的儿子亚历山大大帝建立起来。亚历山大大帝的雄心壮志结果怎样呢？

马其顿人占领希腊

　　亚细亚人告别他们在多瑙河畔的家园，往南寻觅新的牧场，他们一度在马其顿的群山之中度日。因此，他们北部的居民一直都和希腊人保持着联系。马其顿人也一直关注着希腊半岛形势的最新发展。

　　那时候，斯巴达与雅典刚结束了彼此间的战争，一个叫菲利浦的才智卓越的人正好统治着马其顿。他仰慕希腊的艺术和文学，可是他却很蔑视希腊人在政治事务中的效率与制度。他对一个优秀的民族把人力与金钱全耗费在无意义的争吵中很恼火。他进军希腊，统治了希腊后，最终很好地解决了这个难题。之后，他就命令降顺的希腊臣民们参加他筹划很久的远征，向波斯进军。但很不幸，精心准备的远征还没有开始，菲利浦就被杀害了，这样替希腊报仇的重任就落在了他儿子亚历山大的肩上。

建立希腊式的世界帝国

作为伟大的希腊导师、哲学家亚里士多德心爱的弟子，亚历山大精通政治、军事、哲学和艺术，对希腊文化怀有深厚的情感。

公元前304年春天，亚历山大率兵告别欧洲。7年以后，他的军队到达了印度。在长久的征程里，他歼灭了希腊商人的敌人腓尼基，让埃及臣服，尼罗河谷的人民尊称他为法老的儿子和继承人。最后一任波斯国王被他击败，整个波斯帝国被推翻。巴比伦在他的命令下被重建。他还带领军队进入喜马拉雅山的中心地带。最后，马其顿的行省与属国遍布整个世界。此后他停下脚步，开始实施另一个更加野心勃勃的计划。

亚历山大宣告，必须在希腊精神的带动下建立新的帝国。他的子民被要求讲希腊语，住在希腊样式的城市中。后来，亚历山大的士兵脱下戎装，摇身一变成为了传播希腊文化的老师。昔日的军营变成了汲取希腊文明的和平中心。希腊的风俗习惯与生活方式空前受到欢迎。但不幸的是，突然遭到热病侵袭的年轻的亚历山大在公元前323年病逝于旧巴比伦王宫。

尽管在他死后，帝国被一些野心勃勃的将军瓜分，但是他们继承了亚历山大的好传统——建立一个把希腊文明和亚洲精神很

亚历山大大帝像

好融合的伟大世界。

这些被分裂出来的国家坚持独立自主，这种状态一直持续到罗马人把整个西亚从埃及规划进自己的版图。于是，新来的罗马征服者把亚历山大留下的这份精神遗产（包含局部希腊、局部波斯、局部埃及与部分巴比伦）全部接收了。在以后的几个世纪中，它扎根于罗马人的世界，直到今天还在影响着我们。

第六章

罗马

假如没有盲诗人荷马歌唱他们精彩的过去，他们的战功和远征绝对很少有人知道。他们关于罗马城建立的自述出现在800年以后，那时这个小城早已成了一个伟大帝国的中心。

罗马的建立和发展

罗马的起源就和100座美国城市的起源一样。它的发展首先是因为地处要道，交通方便，是一个交易中心，可供四乡八野的人们交易货物和买卖马匹。罗马地处意大利中部平原中心，台伯河给它创造了合适的出海口。一条贯穿半岛南北的大路经过此地，四季均可使用，疲劳的旅客正好能够在这里歇脚。顺着台伯河岸有7座小山，能够当成居民们用来抵抗外敌的避难所。

当罗马人看到和希腊人进行贸易往来的益处后，便"虚心"向希腊人学习起来。于是，本来是来罗马做买卖的希腊人居住下来，成为罗马人的新老师。这些"拉丁人"很乐于接受有实际价值的新事物。罗马人感觉到能从书写文字里获得巨大好处，于是就仿照希腊字母发明了拉丁文。他们还看到，统一的货币和度量方式可以促进商业的迅速发展，便立即如法炮制。最后，罗马人既咬住了希腊文明的鱼钩，又连鱼线与坠子一起吞了下去。

希腊诸神被他们高兴地请到了自己的国家。移居罗马后，宙斯改名叫朱庇特，其他希腊神也纷至沓来。但是，罗马的神一点也不和他们的"表兄妹们"一样快乐。他们是国家机构的一个组成部分，每个神均努力掌管着自己所负责的部门。他们严肃、认真、谨慎、公正，要求信徒们以顺从作为回报，同时罗马人也谨慎地献出了绝对的顺从。古希腊人和神之间是和谐亲密真诚的关系，而罗马人和他们的神之间的关系却很淡漠。

尽管罗马人和希腊人都是印欧种族，可是罗马人并没有效仿希腊人的政治制度。他们不想凭借发表言论和演讲来管理国家，他们的想象力与表现欲望没有希腊人丰盈，他们只想用实际行动来治理国家。在他们眼中，平民大会（"Pled"也就是自由民集会）是一种误国的陋习。于是，他们把治理城市的实际工作交给两个执行法官来承担，还设立了一个由一群老人组成的"元老院"去帮助他们。遵循风俗习惯而且和实际相结合，元老们基本都来自贵族阶层，但他们的权力也受到很严格的监督和限制。

盛极一时的罗马帝国

罗马曾经出现过很多战功卓越的将军与杰出的政客以及刺客，罗马的军队在世界各地也所向无敌。可是罗马帝国的形成却不是出于一个精心的设想。

公元前203年，西皮奥将军带领罗马军队渡过阿非利加海，把战火烧到了非洲。迦太基把汉尼拔紧急召回，但因为汉尼拔带领的雇佣军并不是真心替迦太基作战，于是他在扎马附近被打败。

马其顿与叙利亚的统治者（他们均是亚历山大的帝国分裂之后的残余）当时正在筹划远征埃及，妄想分割富饶的尼罗河谷。埃及国王听到了风声，慌忙向罗马人求助。看起来，一场阴谋和反阴谋的戏剧将要上演。但是，向来缺乏想象力的罗马人在戏剧还没有开始便粗暴地拉上了大幕。罗马军队击溃了马其顿人沿袭的希腊重装步兵方阵。

之后，罗马人往半岛南部的阿提卡前进，还告诉希腊人，一定要将他们"从马其顿的重压下解救出来"。但很多年的半奴隶生活，一点也没让希腊人变聪明，他们将新得到的自由浪费在最没有意义的事情上。所有的希腊城邦又一次陷入不停地彼此争吵之中。罗马人对这个民族内部的愚蠢争论非常不喜欢。最初他们采取了容忍的态度，

奥古斯都屋大维像

但越来越多的谣言和攻击让务实的罗马人丧失了耐性。他们入侵希腊，烧毁了柯林斯城来教训其他城邦，还调遣一个总督到希腊治理雅典这个不安分的省份。因此，希腊和马其顿成了保护罗马边疆的缓冲区。

同时，渡过赫勒斯蓬特海峡便是叙利亚国王安蒂阿卡斯三世统治着的辽阔土地。当汉尼拔向他阐释侵略意大利，攫取整个罗马城将是一件如探囊取物一般的事情之时，叙利亚国王不禁跃跃欲试。

卢修斯·西皮奥，也就是侵略非洲还在扎马打败汉尼拔阻击迦太基军队的西皮奥将军的弟弟，被派遣到小亚细亚。公元前190年，在玛格尼西亚附近他歼灭了叙利亚军团。不久，叙利亚国王被自己的人民用私刑处死，于是，小亚细亚也成了罗马的保护地。

这个小小的城市共和国最后变成了地中海周边大部分地区的主人。经过几个世纪的动乱和革命，罗马共和国终于成为罗马帝国。

公元前27年，渥大维被尊称为"奥古斯都大帝"，罗马的政治体制也不再是共和制，而变成君主制。平民们曾经是罗马的"主人"，如今他们必须跪拜他们的君主。在阿尔玛·苔德玛的绘画中，描绘着这样的场面：接见刚刚结束，皇帝的护卫队正在离去，一群仍然不敢起身的朝拜者注视着他们华丽的背景，似乎一个强大无比的国家也正在随之远去。

罗马帝国的衰亡

　　旧的教科书将476年圈定为罗马帝国的灭亡之年，因为在那年，罗马的最后一个皇帝被赶下了王座。但是就像罗马的建立一样，它的灭亡也不是弹指一挥间完成的。

　　从根本上说，罗马首先和古希腊的雅典或者科林斯一样，都一直是一个城邦。他拥有充足的能力控制整个意大利半岛。但如果想做整个文明世界的主宰者，罗马从政治上来说是没有资格的，从实力上来说是不能够担当的。他的大多数年轻人在长年的战争里失去生命。沉重的军役和赋税把它的人民拖垮，他们或者沦落为职业乞丐，或者被富有的庄园主雇用，用劳动换得食宿，变成依附于富人们的"农奴"。

　　如此，几个世纪过去了，情况变得越发糟糕。2、3世纪的罗马皇帝全是一些军人，他们通过谋杀得到一条通往帝王宝座的道路。之后，篡位者又很快被谋杀。

　　与此同时，野蛮民族正在不断敲打着北方边境的大门，而国内也变得更加动荡不安。罗马变成了一个令人讨厌的居住地。康士坦丁皇帝开始寻觅一个新的都城。位于欧亚大陆之间的通商门户拜占庭被他选中，并被更名为君士坦丁堡，都城也被迁到了那里。康士坦丁去世后，为了方便管理，他的两个儿子就把罗马帝国划分成两部分。哥哥在罗马，统治帝国西半部，弟弟在君士坦丁堡，统治帝国的东半部。

　　475年，日耳曼雇佣军指挥官鄂多萨妄图分割意大利的土地。因此，他采取了怀柔政策，把最后一个西罗马皇帝罗慕洛·奥古斯塔斯驱赶下宝座，宣称自己是罗马新的统治者。此时为国务烦扰的东罗马皇帝没时间顾及此事，便承认了这个事实。

　　此后，不息的战火把帝国的首都变成了一片瓦砾，繁华的意大利成了一块毫无生气的土地。世界的文明——经历了埃及人、巴比伦人、希腊人、罗马人几千年的艰苦创造，它曾经将人类的生活提高到了前所未有的水平，但如今它却必须面对在西方大陆消亡的灾难。

第七章

基督教

在相当长的一段历史中，统治世界的原则是：谋杀、战争、纵火和劫掠。只有一样东西没有让欧洲文明彻底毁灭，也没有让人们重回穴居和茹毛饮血的时期，这就是教会。

耶稣之死

在783或784年（罗马历），犹太和撒马利亚地区的总督彼拉多被派遣到耶路撒冷解决一场骚乱。相传，一个青年人（木匠约瑟的儿子）正在策划反对罗马政府的革命。等到他们查清整个事件之后，他们说这个木匠的儿子绝对是一个淳朴、善良、守法的公民，没有任何证据控告他。然而，那些犹太教的老派首脑们很不满意这个结果。因为这个木匠的儿子在希伯来穷苦大众之间非常受欢迎，这让祭司们很嫉恨。最初，彼拉多没把这些争议放在心上。但是，听到聚集在庙宇四周的人群说要用私刑处死耶稣，还要杀死他的所有追随者，彼拉多决定拘留耶稣，挽救他的性命。

约书亚（拿撒勒人的姓名，但是生活在这个地区的希腊人均叫他耶稣）被叫到彼拉多面前，彼拉多独自询问了他。他们深谈了好几个小时。彼拉多问到了约书亚在加利利海边布道时宣讲过的"危险教义"，但是约书亚很平静地回答说："我从来没有涉及过政治。和肉体相比，我更加关心人类的灵魂。我希望全部的人都把其他人看作自己的兄弟，崇拜唯一的上帝，因为他是全部生灵的父亲。"彼拉多对斯多葛学派与其他希腊文学家的思想曾有过很深入的研究，但他却没有看到耶稣的言论有哪些蛊惑人心的地方。

彼拉多为了拯救这位仁慈先知的生命，又做了一次努力。他一直迟迟不给耶稣定刑。与此同时，在祭司们的鼓动下，犹太人群情激愤，歇斯底里。此前，耶路撒冷曾发生过多起骚乱，但驻扎在附近随时听候差遣的罗马士兵却很少。人们给该撒利的罗马当局递交了文件，控诉彼拉多总督"被拿撒勒人的危险教义迷惑，成了异端的牺牲品"。城市里四处都出现了请愿活动，强烈请求召回彼拉多，革去他总督的职务。为了不演变成内战，彼拉多最终牺牲了耶稣的生命。耶稣接受了这个结果，同时还宽恕了憎恨他的人。最后，他被钉死在耶路撒冷的十字架上。

罗马成为基督教世界的中心

生活在罗马帝国时期的平凡罗马知识分子们对祖先们世代崇拜的神不太感兴趣。他们虽然定期到神庙去朝拜，但那不是因为信仰，而是出于对风俗习惯的尊重。他们很少参与庆祝某个重大的宗教节日的活动，只是耐心而宽容地充当旁观者。

基督耶稣的信徒们到达了罗马，他们开始宣扬"爱人如己，人人都是兄弟"的教义。但当时无人反对。之后还有一些好奇的人驻足聆听传教士们的新言论。

不久，聚集在大街上的群众开始察觉，那些自封的"基督徒"（即为基督的跟随者或被上帝以膏油涂抹叮嘱的人）宣扬的是许多他们未曾听过的东西。他们好像不太在意金钱的多少或者地位的高低，恰恰相反，他们对贫穷、谦卑、顺从等等的美德非常歌颂。但罗马成为世界强国恰好不是凭借这些品质。在帝国的全盛时代，竟然有人告诉他们，成功并不能保证永久的幸福，这听起来似乎很有趣。

同时，这些传教士们还宣讲了拒绝倾听真神话语的人们的命运将会很悲惨。这听起来很恐怖。显而易见，撞大运不是好的方法。诚然，罗马的旧神还住在不远的地方。但是谁也不知道这些旧神们是否有能力来保护他们的老朋友，是否能够和从遥远的亚洲传到欧洲的新上帝的权威对抗。人们开始害怕与怀疑。他们又返回基督徒们传教的地方，期待能够弄明白这些教义。不久之后，他们开始同宣扬基督福音的男女们私下接触，并看到这些人的言行和罗马的僧侣们迥然不同。这些传教士们破衣烂衫，一文不名，但对待动物和奴隶却很友善。他们从来不妄图聚敛财富，反而竭尽全力帮助穷人与病人。他们无私奉献的精神感动了很多罗马人，让他们放弃了旧的信仰，开始加入基督徒的小社团。他们在私人住宅的密室或者田野的某个地方集会，罗马的庙堂开始门可罗雀了。

教会的成长

一年年的更替，传教工作依旧继续，基督徒的数量在继续增加。他们推举神父或者长老（"Presbyters"，希腊语意思是"老年人"）保护小社团的利益。每个行省的全部社团还选出一名主教，作为这个地区的基督教领袖。继保罗之后，来罗马传教的彼得是第一任罗马主教。彼得的继任者（教徒们称呼他为"父亲"或者"爸爸"）就开始被称为"教皇"了。

教会逐步变成罗马帝国内部的一个很有影响力与权势的机构。基督教义既感染着很多对现世绝望的人们，又吸引了很多天资聪明、精明能干的人们。这些人不能够在政府部门出人头地，却可以在拿撒勒导师的追随者中施展他们的才华。后来，帝国政府开始注意和正视基督教的存在了。和我前面讲过的一样，在原则上，罗马政府允许全部臣民用自己喜欢的方式寻找灵魂的拯救，可是政府强调，全部的宗教一定要和平共处，依循"自己生存，也让别人生存"的原则。

可是基督教不同意任何方式的宽容和妥协。他们公开宣扬他们的上帝，只有他们的上帝才是宇宙和尘世的真正统治者，全部别的神都是骗子。这一说法显而易见对其他宗教很不公平，于是帝国警察开始出面干涉这种言行，但是基督徒们依旧坚持。

很快，更大的矛盾产生了。基督徒们反对实施对罗马皇帝表示敬意的礼节，他们还反对帝国的兵役。罗马当局威逼说要对他们进行惩罚，但他们却说，我们生活的这个悲惨的世界只是通往天堂的"过道"，我们宁可丧失生命，也不会违背自己的信仰。罗马人很不理解这些言行，间或杀死几个反抗的基督徒，可是大部分时间对基督徒们还是很宽容的。在教会建立之初，曾经有基督徒被私刑处死的情况出现，但

第一任罗马主教圣彼得像

那大都是暴民们做的。他们对温顺善良的基督徒邻居们胡乱控告，陷害他们犯下种种奇怪的罪行，例如杀人、吃婴儿、散布疾病与瘟疫、在危难的时候出卖国家……这一切均出自暴民们疯狂且阴险的想象力，他们明白基督徒们是不会以暴制暴的，于是他们可以很容易地杀死基督徒，却不担心招来报复。

与此同时，野蛮人不断入侵罗马，当罗马的战斗力丧失的时候，基督传教士却站了出来，对野蛮的条顿人宣扬他们的和平福音。他们均是视死如归的信仰者，气宇轩昂，侃侃而谈，气定神闲。他们讲到不知悔改的人在地狱里的悲惨经历时，让条顿人受到很深的触动。对罗马的智慧，条顿人一向满怀敬意，他们认为，这些人来自罗马，那他们所宣扬的一定是确有其事。因此，在条顿人与法兰克人聚居的地方，基督传教团迅速成了一支很强大的力量。6个传教士足以和整整一个罗马军团的威力相抗衡。罗马皇帝开始认识到，基督教或许对帝国有很大好处。因此在一些行省，基督教徒得到了和信仰古老宗教的人们相同的权利。但是发生本质性的改变，还要到4世纪下半叶。

康士坦丁大帝受洗

在历史上，康士坦丁大帝被人们称为暴君。其实在那样的一个时期，一个性格温顺的皇帝是不可能活下去的。在康士坦丁的一生中，他经历了太多的沉浮变幻。有一次，他差点到了被敌人彻底击溃的境地。他想，也许应该尝试一下人人谈论的亚洲新上帝，顺便看一看他究竟有多大的能力。因此他立誓，假如在即将到来的战役中获胜，他一定会信仰基督。最后他打败了敌军。从那以后，康士坦丁对上帝的权能很信服，真的接受洗礼，做了基督徒。

自那时起，罗马官方正式承认基督教，它在罗马的地位增强了。

但是基督徒在罗马依旧还是占很小的比例，估计只占总人数的

康士坦丁大帝的洗礼

5%—6%。为了取得最后的胜利，让全部群众信仰基督，他们反对任何妥协。各种旧神庙一定要被摧毁，统治世界的只可以是基督教仅有的上帝。有一段时间，喜欢希腊智慧的朱利安皇帝在位，他尽力挽救异教的神祇，让它们不被破坏。但很快他却在远征希腊的战役中去世了。即位的皇帝朱维安重树了基督教的绝对权威，古老的异教庙堂一个个关门了。之后的皇帝查士丁尼下令在君士坦丁堡修建举世闻名的圣索菲亚大教堂，还关闭了柏拉图创建的历史悠久的雅典学园。

这一历史时刻标志着古希腊世界的终结。人们能够依照自己的想法自由思考，能够依照自己的愿望梦想未来的时期不复存在了。当愚昧与野蛮的洪水肆虐大地，冲垮旧有的秩序，将要引导生活之船在惊涛骇浪中掌握航向之时，古希腊哲学家们的行为规范就显得朦胧且不牢靠了。它们很难再成为人们所依赖的生活向导。一些更为积极且明确的东西成为人们的需要，这正是教会能够给予的。

基督教最后的胜利

在一个风雨飘摇的时代里，只有教会如磐石一样顽强屹立，坚持着自己的真理与准则，从未由于危险与情况的改变而退却。这种顽强的勇气既获得了群众的爱慕，又使教会平安度过了那些足以摧毁罗马帝国的危难。

但是，基督教的最终胜利也有侥幸的成分。5世纪哥特王国彻底覆灭之后，意大利遭受的外来侵略相对减少了。继承哥特人统治意大利的是伦巴德人、撒克逊人与斯拉夫人，他们都是实力相对较弱的落后部落。于是在这样宽松的环境下，罗马的主教们才能够保持他们城市的独立。很快，分散在意大利半岛的许多残存小国就奉罗马大公（即罗马主教）做他们政治与精神的首脑。

历史的舞台已经做好了迎接一位强人登场的准备。这个人叫格利高里。他在590年开始出现在人们的视野当中。他属于旧罗马的贵族统治阶层，原来做过"完美者"，也就是罗马市的市长。此后，他当了僧侣，还成了主教。最终，他自己被迫（因为他的理想是做一个传教士，到英格兰向异教徒们宣扬基督教的福音）成了圣彼得大教堂的教皇。他只在位14年，但当他去世之时，罗马主教（即教皇）作为整个基督教会的首脑已经被整个欧洲基督教世界正式承认。

但是，罗马教皇的权力没能够向东方扩展。在君士坦丁堡，罗马的旧传统依旧被东罗马帝国延续着，奥古斯都和东罗马皇帝被看作政府的最高统治者及国教首脑。1453年，君士坦丁堡被土耳其人攻陷了。土耳其士兵在圣索菲亚大教堂的台阶上把最后一个东罗马皇帝康士坦丁·帕利奥洛格杀死了。残留了1000年的东罗马帝国终于彻底覆灭了。

几年前，俄罗斯的伊凡三世娶了帕利奥洛格的兄长托马斯之女左伊公主为妻。如此一来，莫斯科大公就理所当然地变成了君士坦丁堡的传统继承人。现代俄罗斯的徽章当中还延续着古老拜占庭的双鹰标志（它是为了纪念罗马被分为东西罗马而作），原来只是俄罗斯首席贵族的大公变成了沙皇。他得到了罗马皇帝一样的权力，凌驾于全部臣民之上。不管是贵族还是农奴，在沙皇面前均是奴隶。

沙皇的宫殿融合了东西文化的风格，这是东罗马皇帝由亚洲和埃及引进的，外观很像亚历山大大帝的王宫（据他们自己的吹嘘）。濒临灭亡的拜占庭帝国遗留下来的这份奇特遗产，在俄罗斯无边的大草原上依旧延续着，使它存在了6个世纪。尼古拉二世是最后一个佩戴拜占庭双鹰标志皇冠的沙皇。被杀后，他的尸体还被投进了井里。他的儿女们和他一起死去。他曾经享有的全部古老特权也一起被废除了，教会在俄罗斯的地位又一次恢复到了康士坦丁皇帝之前的罗马时期。

第八章

中世纪的世界

来自三个方向的敌人威胁着欧洲中部,它变成了一个大兵营。假如没有那些作为职业战士的骑士与封建体制之一的政府官员,欧洲可能早就不存在了。

封建制度的确立

现在，我给大家讲一下1000年时欧洲的现状。那时大部分欧洲人过着艰苦贫穷的生活，商业不景气，农事不兴旺，到处流传着世界末日即将到来的预言。人心惶惶，许多人到修道院当僧侣。这是因为，假如世界末日真的到来时，自己正在虔诚地侍奉上帝则是最为保险的方法。

让人民更加痛苦不堪的是来自三个方向的凶恶敌人对西欧三角地带形成了挑战：在南面，危险的穆罕默德的信徒们占领着西班牙；在西面，北欧海盗骚扰着西海岸；在东面，除去一小段喀尔巴阡山脉能够阻挡侵略者的军队之外，其他地方均面临着匈奴人、匈牙利人、斯拉夫人与鞑靼人的铁蹄践踏。

罗马时期的繁华景象早已成为历史，人们只有通过梦境来追忆那段岁月。目前欧洲的形势是——要么战斗，要么死！自然，人们宁可拿起武器。在环境的逼迫下，1000年之后的欧洲变成了一个大兵营，人们渴求强大的领袖出现。但是国王与皇帝离得太远，不能解决当务之急。因此，边疆居民（实际上，1000年的大多数欧洲地区均属于边疆）一定要自救，他们甘心服从国王的代表（即由国王派遣的管理本地区的行政长官），因为只有他们才可以保护属民免于遭受外敌的侵害。

不久，大大小小的公国、侯国布满欧洲中部，每个国家依据自身的情形，分别由一个公爵、伯爵、男爵或者主教来担当统治者。这些统治者们纷纷发誓效忠于"封邑"的国王（封邑拼为"feudum"，这也是封建制"feudal"一词的来由），他们用战争时代的尽忠服役与平时纳税进贡当作对国王分封土地的回馈。但是在那样一个交通不便、通信联系不通畅的时期，皇帝与国王的权力非常不容易迅速到达他们属地的全部角落，因此，这些陛下任命的代表们拥有很大的独立性。实际上，在属于自己所应管理的范围内，他们已经凌驾于国王的权力之上了。

骑士精神

对于骑士制度的起源我们知道的并不多。可是伴随着这个制度的不断进步，它恰好为当时混乱无序的社会指明了一种很必要的东西，即一整套明确的行为准则。它或多或少地缓解了那个时期的野蛮习俗，让生活变得稍微容易了一些，精细了一些。

这些骑士精神或者骑士准则在欧洲各地不完全一样，可是它们都强调"服务精神"与"尽忠职守"。在中世纪，人们把"服务"看成是很高贵、很美好的品德。如果你是一个工作勤勉从不懈怠的仆人，那么做奴仆也不是件丢脸的事情。对于处在一个必须忠实履行很多职责才可以维持正常生活的时期，忠诚理所当然成了骑士们最重要的品德。

于是，一个年轻的骑士发誓，他一定会永远做上帝忠实的仆人，并一生忠心耿耿地侍奉国王；他还许诺要帮助那些穷苦的人们，和他们做朋友（穆斯林除外，因为他们是凶险的敌人）；他发誓一定会行为谦卑，言语得当，永远不会炫耀自己的功劳。

实际上，这些誓言只不过是把十诫的内容用通俗的语言表达出来而已。围绕这些誓言，一套关于礼貌与行为举止的复杂礼仪被骑士们发展出来。中世纪的骑士把亚瑟王的圆桌武士与查理大帝的宫廷贵族当作榜样，就像普罗旺斯骑士的抒情诗或者骑士英雄的史诗对他们述说的一样。他们希望自己像朗斯洛特一样勇敢，像罗兰伯爵一样忠诚。无论他们衣着怎样简朴或褴褛，无论他们怎样一文不名，他们永远都会态度威严，言语优雅，行为有节，保持着骑士的很好声誉。

如此之后，骑士团就成了一所培养优雅举止的学校，礼貌仪态恰好成了保证机器正常运转的润滑剂。骑士精神代表着谦虚有礼，向世界展示怎样搭配衣着、怎样优雅进餐、怎样彬彬有礼地邀请女士共舞等等。这些内容均有益于让生活更加有趣，更加宜人。

皇帝和教皇之争

罗马传统中存在的两个不同继承人的事实把中世纪的自由民们推到了两难的尴尬境地。支撑中世纪政治制度的理论简单明了——皇帝负责照顾臣民们物质方面的利益，教皇负责照顾他们的灵魂。

但是在实际操作过程中，这个体制就暴露出了很多缺点。皇帝总想插手教会事务，而教皇也对国家治理指手画脚。此后，他们开始相互警告，让对方别多管闲事。双方态度逐步升级，最终大打出手。

在这种情形之下，老百姓能如何做呢？一个好的基督徒对教皇和皇帝都是忠诚和顺从的。但是教皇和皇帝变成了敌人。那么作为既是负责任的国民，又是虔诚教徒的普通百姓究竟该站在哪一方呢？

实际上，教皇和皇帝的对抗一发生，国民的处境就很艰难。最倒霉的当然是那些生活在11世纪下半叶的自由民们。那时德国皇帝亨利四世与教皇格利高里七世之间爆发了两场胜负难分的战争，可是战争没能解决任何问题，而是让欧洲陷入了长达50年的混乱之中。

1073年，格利高里七世被红衣主教团选作了新教皇。格利高里相信，教皇的权力应该是建立在坚定信念和勇气之上的。他认为，教皇既是基督教的绝对领袖，又是全部世俗事务的最高法官。教皇一旦能够把平凡的日耳曼王公提升到皇帝的位置，让他们享受从来没有奢望过的尊严，那么同时他就享有可以随意罢黜他们的权利。他能够否决每一项由某位大公、国王或者皇帝制定的法律，但如果有任何人敢对某项教皇宣布的赦令表示怀疑，那这个人就要多加小心了，因为随之而来的处罚将会是及时且没有任何情面的。

可是亨利四世根本不愿意屈从教皇的领导。他号召一个德国教区的主教会议，在会上他指控格利高里犯下了滔天罪行，之后用沃尔姆斯宗教会议的名义罢黜了教皇。

不久，攫取了德意志帝国皇位的霍亨施陶芬家族变得更加独立，更加不把教皇放在眼里。

霍亨施陶芬家族里的弗里德里希二世被教皇指控犯了异端邪说罪。事实上，弗里德里希确实对北方基督徒的粗犷行为、德国骑士的庸俗蠢笨和意大利教士的阴险狡猾抱有一种轻视。弗里德里希被他们逐出了教会，他的意大利属地被授予了安如的查理——法王圣路易的兄弟，由此引发了更多的争端。霍亨家族的最后一个继承人康拉德五世妄图夺回自己的意大利属地。可是他的军队被击溃了，他也被处死在那不勒斯。但是20年之后，在西西里晚祷事件中，当地居民杀死了所有不受欢迎的法国人。血腥依旧在蔓延。

教皇和皇帝之间无休止的争斗似乎永无息日。可是一段时间以后，两方面渐渐学会了各自管理自己的事情，不再轻易干涉对方的领域。

1273年，哈布斯堡的鲁道夫成了德意志皇帝。他不想跋涉千里到罗马去接受加冕。教皇对这件事没有公开反对，可是为了报复，教皇渐渐疏远了德意志。这似乎意味着和平，但来得有点晚了。

教会和国家彼此争斗，可是第三方——中世纪城市，夺取了胜利果实。在教皇和皇帝争斗的同时，意大利的很多小城市在维持自己平衡的同时也在悄然壮大自己的实力，不断增强自己的独立地位。

第九章

文艺复兴

人们又一次敢于因为他们活着而高兴。他们妄图拯救尽管古老但却欢快可人的古希腊、古罗马与古埃及的文明遗迹。他们对自己取得的成就感到十分骄傲，所以称之为"文艺复兴"或"文明的再生"。

文艺复兴条件的成熟

人们往往只从表面上看历史时期。他们以为中世纪是一个黑暗与愚蠢的时期。伴随着时钟"嘀嗒嘀嗒"的声音，文艺复兴开始了。因此，城市与宫殿刹那间即被渴望知识的灿烂之光照得光彩熠熠。

实际上，很不容易在中世纪与文艺复兴时期之间，划出这样一条赫然的界限。13世纪是属于中世纪的，全部历史学家都赞成这一点。但我想问问，13世纪是否只是一个满布着黑暗与停滞的时代呢？明显不是！人民活跃非常，大的国家在建立，大的商业中心在发展。在城堡塔楼和市政厅的屋顶旁边，新建的哥特式大教堂细细的塔尖高高矗立，昭示着前所未有的辉煌。世界各地都欣欣向荣。市政厅里全是高傲显赫的绅士们，他们刚开始明白自己的力量（来自他们新攫取的财富），正为争夺更多的权力和他们的封建领主斗得不可开交。而行会成员们也似乎忽然醒悟"多数有利"这一重要原则，正在把市政厅作为角斗场，和高傲显赫的绅士们一决高下。

夜幕降临，灯光昏暗的街道使辩论了一整天政治和经济问题的辩论家们兴趣正浓。为了活跃气氛、装饰市景，轮到普罗旺斯的抒情歌手与德国的游吟诗人登场了。他们用磁性的声音讲述着他们的故事，用美妙的歌谣赞美浪漫举止、冒险生涯、英雄主义和对全天下美女的忠心。与此同时，青年人再也忍受不了缓慢的进步，成群涌入大学。需要特别指出的是，当时已有一所所大学在欧洲各地崛起。从西班牙的巴利亚多里德到地处遥远的波兰克拉科夫，从法国的普瓦捷到德国的罗斯托克，到处都能看到它们活跃的身影。

的确，对于我们时代中那些习惯了倾听数学和几何原理的人们来讲，这些早期教授们所讲的内容未免有点荒唐可笑。可是，在这里我想强调的是，中世纪，尤其是13世纪，并不是一个完全停滞不前的时期。在年轻一代里面，生机和热情四处洋溢。即使仍有些地方出了问题，他们内心也是躁动的，渴望求知的。正是在这种不安和躁动中，文艺复兴诞生了。

中世纪最后一个诗人但丁

就在中世纪的舞台最后落幕前，还有一个孤单凄凉的身影从台上走过。关于这个人，你有必要了解比他的名字更多的东西。这个人就是但丁。

但丁出生于1265年，在祖辈们生活的佛罗伦萨长大后，便加入了教皇的追随者奎尔夫派。理由很简单，他的父亲就是奎尔夫派成员。可是数年之后，但丁发现：如果再没有一个统一的领导者，意大利成千上万个小城市出于妒意而彼此倾轧，必将最后走向毁灭。因此，他改投了支持皇帝的吉伯林派。他的目光翻过阿尔卑斯山，寻找北方的支持。他希望能有一位强大的皇帝前来控制意大利混乱的政局，重建统一和秩序。非常遗憾，他的等待落空，梦想变为徒劳。1302年，吉伯林派在佛罗伦萨的权力斗争中失败，它的追随者纷纷被流放。从那时开始，一直

但丁路遇贝阿特里斯　插图画

到1321年在拉维纳城的古代废墟中孤独死去为止，但丁变成了一个无家可归的流浪汉，凭借着许多富有的保护人餐桌上的面包果腹。

为了对得起自己的良心，为同时代的人们洗清冤屈，作为诗人的但丁创造出一个虚幻的世界，具体叙述了导致他事业失败的种种原因，并描写了无可救药的贪婪、私欲和仇恨是怎样把自己全心热爱的美丽祖国，变成了一个任由邪恶自私的暴君们相互争权夺利的战场的。

但丁向我们讲述了在1300年前的复活节前夕的那个星期四，他在一片森林里迷失了方向，一只豹子、一只狮子、一只狼突然阻挡住了他的道路路。正当他举步维艰的时候，一个身披白衣的人从树丛中出现。这个人就是古罗马诗人与哲学家维吉尔。因为圣母玛利亚和但丁的初恋情人贝阿特里斯在天上看到了但丁的危险处境，特意派遣维吉尔来把他引出迷途。之后，维吉尔带着但丁踏上了穿越炼狱和地狱的旅程。曲折的道路把他们引向越来越深的地心，最终到达地狱的最深处，魔鬼撒旦在这里被冻成永恒的冰柱。围绕在撒旦四周的，是那些最可怕最可恨的罪人、叛徒、说谎者，还有那些利用谎言与行骗来欺世盗名的不赦之徒。不过在这两位地狱漫游者到达这个最恐怖之地以前，但丁还碰到了很多在佛罗伦萨历史上很重要的人物。皇帝和教皇，骑士和高利贷者，他们全部在这里，或者被注定永远受罚（罪孽深重的人），或者等待离开炼狱前往天堂的豁免之日（罪孽较轻微的人）。

但丁叙述的是一个奇特而神秘的故事。它是一本"历史"，满满地书写着13世纪的人们所做、所感、所怕、所求的一切。而贯穿这一切的，就是那个佛罗伦萨的孤独流放者，身后永远拖着他绝望影子的但丁。

人文主义获得胜利

在大学里面，老派的经院教师还在教着他们的古老神学与过时的逻辑学。而年轻人竟然全都离开正统大学的演讲厅，跑去听某个狂热的"人文主义分子"宣扬他"文明再生"的新理论。

他们去找当局告状。他们怨声冲天。但是，你可以强迫一匹脾气暴烈的野马喝水，却不可以强迫人们对不感兴趣地说辞竖起耳朵。这些老派教师的阵地连连失守，人们都快不搭理他们了。偶尔，他们也可以赢得几场小胜利。他们与那些从不求得幸福也憎恶别人享受幸福的宗教狂热分子联合作战。

在文艺复兴的中心佛罗伦萨，旧秩序和新生活之间发生了一场战斗。西班牙圣多明各派僧侣是中世纪阵营的领导者，他面色阴郁，对美怀有极端的憎恨。他发动了一场战役。每天，他的怒吼都回响在玛利亚德费罗大厅的四壁间，警告着上帝的神圣愤怒。"忏悔吧！"他高喊道，"忏悔你们遗忘了上帝！忏悔你们对万事万物感到的欢乐！它们是肮脏

1498年萨佛纳洛拉在佛罗伦萨焚烧艺术品

的、衰落的！"他组织了一支童子军侍奉伟大的上帝，并自称为他的先知。在一阵突然的狂热发昏之中，心怀惶恐的佛罗伦萨市民答应改过，忏悔他们对美与欢乐的热爱。他们把自己拥有的书籍、雕塑和油画交出来，运到市场上放成一堆，用狂野的方式举行了一个"虚荣的狂欢节"。人们一边唱着圣歌，一边跳着最肮脏的舞蹈。与此同时，那位圣多明各会僧侣萨佛纳洛拉则把火把扔向堆放的艺术品，把这些珍贵的物品焚毁了。

萨佛纳洛拉，文艺复兴时期意大利宗教改革者。

但当灰烬冷却，发昏的头脑清醒下来之时，人们开始发现自己失去了什么。这个可怕的宗教狂热分子竟让他们亲手摧毁了自己刚开始学会去爱的事物。于是，他们倒戈相向反对萨佛纳洛拉，把他关进了监狱。

萨佛纳洛拉完全孤立无援了。他是在为一个已经寿终正寝的时代打一场没有丝毫指望的战争。罗马的教皇甚至从未搭救他。相反，当他"忠实的佛罗伦萨子民"把萨佛纳洛拉拖上绞刑架绞死，并在群众的吼叫欢呼声中焚烧其尸体之时，教皇没有任何表示地默许了。

这是一个无法避免的悲惨结局。假如生活在11世纪，萨佛纳洛拉绝对成为一名伟人。但他生活在15世纪，所以他不幸担当了一项注定失败的事业的领袖。无论好坏，当教皇也变成人文主义者，当梵蒂冈成了收藏希腊和罗马古代艺术品的重要博物馆，中世纪确实就结束了。

表现的时代

在我看来文艺复兴时期是一个"表现的时代"的意思是说人们已不只满足于作为台下的听众，让皇帝和教皇告诉他们该想什么或干什么。如今，他们想成为生活舞台上的表演者。他们渴望把自己的思想"表现"出来。

假如有一个如佛罗伦萨的尼科·马基雅维里一样的人，他恰好对政治感兴趣，那么他就写一本书"表现"自己，表明自己对什么是一个成功国家和一个富有成效的统治者的思考。另一方面，假如他恰巧喜欢绘画，那他就用图画"表现"自己对线条与色彩的热爱，于是乔托、拉斐尔、安吉利科这样一些伟大的名字就出现了。

假如这种对色彩和线条的热爱还附加上了对机械和水利的兴趣，那么结果就是列奥那多·达·芬奇的出现。他一面画着伟大的《蒙娜丽莎》，一面进行自己的热气球与飞行器的实验，还设想着排干伦巴德平原沼泽积水的方法。在天地间的万事万物里他感到了无穷的乐趣，并把它们"表现"在他的散文，他的绘画，甚至他构想的奇特发动机里面。

当一个如米开朗琪罗那样拥有巨人般精力的人，感到画笔和调色板对他强壮有力的双手来说太温柔了。于是他就转向建筑和雕塑，从沉重的大理石块中凿出了美妙的形象，并替圣彼得大教堂绘制蓝图。这是对这个大教堂所享有的胜利荣耀的最具体"表现"。

就这样，"表现"持续下去。不久以后，整个意大利（很快是整个欧洲）就出现了很多勇于"表现"的男人和女人，他们的生活与工作，是为了给我们人类的知识、美和智慧的宝贵积累，加上自己的绵薄之力。在德国的梅因兹，约翰·古滕堡发明出一种出版书籍的新方法。他研究了古代的木刻法，对现行方法加以完善，把单独的字母制在软铅

米开朗琪罗《哀悼基督》

上，然后排列组成单词和整篇的文字。是的，他不久后就在一桩有关印刷术发明权归属的官司中倾家荡产，最后死于贫困。但是他的发明天赋的"表现"却被流传下来，让世人受益匪浅。

　　整个世界全成了那些有话要说的人的热情听众。知识只被少数特权阶层垄断的时代结束了。无知与愚昧的最后一个理由——昂贵的书价，也伴随着哈勒姆的厄尔泽维开始大量印刷廉价通俗读物而烟消云散。现在，只需花上几毛钱，你就能和亚里士多德、柏拉图、维吉尔、贺拉斯以及普利尼这些伟大的古代作家和哲学家为伴。人文主义终于让人类在印刷文字面前取得了自由和平等的地位。

第十章

伟大的航程

人们冲破了中世纪的桎梏以后，他们就需要更多的空间去冒险。欧洲在他们的野心面前，已经显得实在太小了。航海大发现的伟大时期终于来临。

发现好望角

在14和15世纪，全部航海家脑中只有一个念头，即迅速找到一条舒适安全的航线，通往梦想中的中国、吉潘古海岛（日本）和那些盛产香料的神秘东方群岛。自十字军东征开始，欧洲人渐渐喜欢使用香料。要知道，在冷藏法引入欧洲以前，肉类都会迅速腐烂变质，只有撒上胡椒或豆蔻才能够食用。

威尼斯人与热那亚人是地中海的伟大航行者，但是发现与探索大西洋海岸的荣耀后来却落到了葡萄牙人头上。在和摩尔人侵略者的长年战斗中，西班牙人与葡萄牙人激发出爱国热情。这种激情一旦存在，就很容易被转移到新的领域。13世纪，位于西班牙半岛西南角的阿尔加维王国被葡萄牙国王阿尔方索三世征服了，他将之并入自己的领地。在之后的一个世纪里，葡萄牙人在和穆罕默德信徒的战争中逐渐扭转败势，获得了主动。他们渡过直布罗陀海峡，占领了阿拉伯城市泰里夫对面的体达城。之后，他们乘胜追击，又占领了丹吉尔，并把它当作阿尔加维王国在非洲属地的首府。

巴瑟洛缪·迪亚兹

现在葡萄牙人为探险做好了准备。

1486年，探险家巴瑟洛缪·迪亚兹在葡萄牙国王的支持下从海路去寻找"普勒斯特·约翰"的国度。关于这个人的故事，最早流传在12世纪的欧洲。据传闻，这个被称为约翰的基督教传教士建立了一个幅员辽阔的帝国，自己做了皇帝。这个神秘国度的具体位置无从考证，只知道是"坐落在东方的某处"。300年来，人们一直在寻找"普勒斯特·约翰"和他的后人。巴瑟洛缪·迪亚兹抵达了非洲的最南端。起初，他把这个地方称为风暴角，因为这片海域的强风阻止了他继续往东的航行。但是他手下的里斯本海员倒比他乐观。他们知道这个地方的发现对于向东寻找通往印度的航线具有十分重要的意义，于是为之取名"好望角"。

哥伦布发现新大陆

　　哥伦布的父亲是一位羊毛商人，哥伦布曾经在帕维亚大学读过一阵书，专攻数学与几何学。后来，他继承了父亲的羊毛生意。但没过多久，他便成了一名水手。

　　从1478年，哥伦布把所有的精力都投入到探寻通向印度支那的西面航线中。他向葡萄牙与西班牙皇室分别递交了自己制定的航海计划。当时，葡萄牙人对他们垄断的向东航线正信心满满，哥伦布的计划丝毫引不起他们的兴趣。而西班牙正忙于攻打摩尔人在西班牙半岛的最后一个堡垒——格拉纳达，需要把每一个比塞塔都投入到战争中，所以无力资助哥伦布的冒险计划。

　　这位勇敢的意大利人，为实现自己的想法而拼命奋战，从未轻言放弃。1492年1月2日，困守格拉纳达的摩尔人终于缴械投降。这一年4月，哥伦布和西班牙国王及王后签订了合同。在8月3日，一个星期五，哥伦布率领三只小船告别帕洛斯，开始了向西寻找印度支那与中国的伟大航行。随行的还有88名船员，其中有很多是在押罪犯，为寻求免刑而参加远航队。1492年10月12日，一个星期五的凌晨两点钟，哥伦布第一次发现了陆地。1493年1月4日，哥伦布告别留守拉·纳维戴德要塞的44名船员（这些人无一生还），踏上返乡的航程。他在2月中旬到达了亚速尔群岛，那里的葡萄牙人威胁要把他投进监狱。1493年3月15日，船长先生终于回到帕洛斯岛，之后带着他的印第安人（哥伦布坚信自己发现的是印度群岛延伸出来的一些岛屿，于是把他带回的土著居民叫作红色印第安人）马不停蹄地赶往巴塞罗那，向他的保护人报告航行大获成功，通向金银之国中国与吉潘古（日本）的航线已经畅通，可供国王与王后陛下随意调用。

　　但是，哥伦布一辈子都没明白事实的真相。到他的晚年，当他在第四次航行中到达南美大陆的时候，他或许在瞬间怀疑过自己的发现并不是那么回事。但是，他到死还抱着一个坚定的信念，在欧洲和亚洲之间并没有一个单独大陆的存在，他已经找到了直接通向中国的航线。

麦哲伦环球航行

1519年，葡萄牙航海家斐迪南德·麦哲伦带领由5只西班牙船只组成的船队，往西寻找香料群岛（因为向东的路线全部掌控在葡萄牙人手中，他们是反对竞争的）。麦哲伦穿过非洲和巴西之间的大西洋，继续向南航行，抵达一个狭窄的海峡。它位于巴塔戈尼亚（"长着大脚的人们的土地"的意思）的最南端和火岛（一天夜里，船员们看见了岛上燃起的火光，这表明岛上有土著居民活动）之间。整整5个星期，麦哲伦的船队遭到狂风与暴风雪的侵袭，随时都可能船毁人亡。恐慌在船队中肆虐开来，船员中发生了惊变。麦哲伦用十分严厉的手段镇压了叛乱，并将两名船员留在荒芜的海岸上"忏悔罪过"。

后来，风暴停息，海峡也渐渐变宽。麦哲伦驶进了一个新的大洋。这里风平浪静，阳光明媚，麦哲伦把这里叫作太平安宁的海洋，也就是太平洋。他继续往西航行，有98天没有看见一丝一毫陆地的影子，船员们几乎因饥饿与干渴而全部死亡。他们吞食船舱里大群的老鼠，老鼠吃光了，他们便依靠咀嚼船帆充饥。

1521年3月，他们终于又一次看见陆地。麦哲伦把这个地方命名为"盗匪之地"，因为当地的土著居民看见什么偷什么。之后，他们继续西行，离他们梦寐以求的香料群岛越来越近。

他们再次看见了陆地。这是由一群孤独岛屿组成的群岛。麦哲伦用他的主人查理五世的儿子菲利普二世的名字，给这里取名为"菲律宾"。但是菲利普二世在历史上并没有留下什么光彩愉快的记录，西班牙"无敌舰队"的全军覆没恰恰是他的手笔。在菲律宾，麦哲伦一开始受到了友好热情的接待，但是当他准备用大炮逼迫当地居民信奉基督教时，他受到了反抗。土著们杀死了麦哲伦与他的很多船长船员。幸存

麦哲伦像

的海员烧毁了剩余三艘船只中的一艘，继续往西航行。他们最终到达摩鹿加，也就是著名的香料群岛。他们还发现了婆罗洲（即今天的印尼加里曼丹岛），抵达了蒂多尔岛。在此，剩余的两艘船中的一艘因为漏水严重，只能连船员一起留在当地。唯一幸存的"维多利亚"号在船长塞巴斯蒂安·德尔·卡诺的带领下，开始穿越印度洋，但很遗憾地错过了发现澳大利亚北部海岸的机会（直到17世纪初期，一艘荷兰东印度公司的船只才发现了这片平坦荒芜的土地）。最后，历尽艰辛，他们返回了西班牙。

这是航行中最重要、最著名的一次环球航行。它历时3年，以巨大的金钱与人力损失为代价，最后获得了成功。它证明了一个事实，也就是地球确实是圆的，还有哥伦布发现的新土地并不是印度的一部分，而是一个崭新的大陆。

第十一章

佛陀和孔子

佛陀和孔子的思想照耀着东方，他们的教导和榜样依旧在
影响着这个世界上很多同行者的行为和思想。

最伟大的信仰导师佛陀

在印度，佛陀被尊奉为最伟大的信仰导师。他的生平事迹十分有趣。佛陀名叫悉达多，出生在一个十分高贵的家庭，他的父亲萨多达那是萨基亚斯部落的首脑，他的母亲玛哈玛亚也是邻近王国的公主。但后来，王子感受到人类生存的种种痛苦与恐惧。死亡和磨难的景象就好似梦魇一样追逐并缠绕着他，挥之不去。

在那天晚上，月明似镜，月色似水。悉达多午夜醒来，开始思考很多事情。在为生存的谜团找到一个解救之法以前，他再也快乐不起来了。他打算远离自己的亲人，去寻求答案。因此，他来到妻子的卧房，看了一眼熟睡中的妻子和儿子。之后，他叫醒仆人查纳，让他跟自

佛陀的降生

己一起出走。两个男人走进黑夜之中，一个是为了寻求灵魂的平静，一个是要忠心侍奉自己的主人。

悉达多常常观察那些孤独的流浪者，看到他们远离城市和乡村的喧嚣去寻求真理，决定以他们为榜样。他脱下穿戴的珠宝，并将之和一封诀别信一起，命令一直跟随他的查纳转交给家人。之后，这位王子孤身移居沙漠。

很快，他圣洁行为的名声就

修道成佛

在山区传播开来。有5个年轻人前来探访他，恳求聆听他智慧的言辞。悉达多答应当他们的老师，条件是要他们以他为榜样。5个年轻人应允了，悉达多便带领他们到自己修行的山区。他在温迪亚山脉的山峰间，花了6年时间把自己的智慧传授给了学生们。但是，当这段修行生活即将结束之时，他依然感觉自己离完美的境界距离很远。他所远离的世界依旧在诱惑着他，动摇他的修行意志。因此，悉达多让学生们离开他，一个人坐在一棵菩提树的树根旁，禁食49个昼夜，沉思遐想。他的苦修最终获得了回报。到第50天的黄昏时分，婆罗西摩亲自向他忠实的仆人显灵。从那时开始，悉达多就被尊为"佛陀"，也就是前来人世把人们从不幸的必死生命中解救出来的"大彻大悟者"。

在悉达多生命的最后45年里，他一直在恒河附近的山谷里度过，向人们宣传他谦恭温顺待人的简朴教训。公元前488年，悉达多在经历了圆满的一生后去世。这时，他的教义已经在印度大地上流传很广，他自己也受到千百万人民的热爱。

中国的智者孔子

中国的古老智者孔子出生于公元前550年。在动荡不安的社会氛围中，他却度过了宁静、恬淡、富有尊严的一生。当时的中国没有一个统一的强有力的中央政府，人们成为盗贼与封建主任意摆布的牺牲品。这些人从这个城市窜到那个城市，肆意劫掠、偷盗、谋杀，把中国的北方平原与中部地区变成了尸横遍野的荒原。

富有仁爱之心的孔子希望能拯救自己的人民于水火之中。作为一个生性温和的人，他不主张使用暴力，也不赞成用一大堆法律限制人民的治国方式。他明白，仅有的拯救之道在于改变世道人心。因此，孔子开始着手这件看似一点希望都没有的工作，努力改变聚居在东亚平原上数百万同胞的性格。中国人对宗教一向没有太大的热情。他们像很多原始人一样相信鬼怪神灵。可是他们没有先知，也不承认"天启真理"的存在。在世界上所有伟大的道德首脑中，孔子或许是仅有的一个没有看见过"幻象"，没有宣称自己是神的使者，没有声称自己听到从上天传来的声音的人。

孔子只是一个通达理性、仁爱为怀的平凡人，宁可孤独地漫游，用自己的笛子吹出悠远的曲调，也不强求获得别人的认可。他从来没有要求过任何人追随他或是崇拜他。他让我们联想起古希腊的智者，尤其是斯多葛学派的哲学家。他们同样相信不求回报的正直生活和正当思考，他们追求的是灵魂的平静与良心的安宁。

起初，孔子仅有很少的几个学生。渐渐地，肯聆听他教诲的人越来越多。当基督在伯利恒的马槽降生时，孔子的哲学已经成为大多数中国人思想的重要组成部分，并一直影响他们的生活直到今日。

孔子的警句深入到很多东亚人民的心中。儒教用其深刻的格言与精辟的观察，给每个中国人的心灵蒙上了一层哲学常识的面纱，儒家思想都影响着他们的一生。

第十二章

宗教改革

最好把人类的进步比喻为一个钟摆，它不停地向前和向后摆动。人们在文艺复兴时期对艺术和文学的热情以及对宗教的淡漠，在随后的宗教改革时期就变成了对艺术和文学的淡漠及对宗教的热情。

改革先锋马丁·路德

你们一定听说过宗教改革。一听到这个名词，你想到的一定是一群为数不多可是勇气十足的清教徒。他们为"宗教信仰的自由"漂洋过海，在新大陆开辟了一番新天地。伴随着时间的推移，尤其是在我们信奉基督教新教的国家里，宗教改革逐步变成了"争取思想自由"的同义词。马丁·路德被看作是这个进步运动的先锋和首脑。

路德出生在一个北日耳曼农民家庭，拥有非凡的才智和异乎寻常的勇气。他曾经是奥古斯丁宗教团的修士，之后成了萨克森地区奥古斯丁宗教团的重要人物之一。后来，他到维滕堡神学院担任了大学教授，开始对农家子弟解释《圣经》的道理。不久之后他就发现，教皇与主教们所讲的话与基督本人的训示有着巨大的不同。

可是更糟糕的事情还在后面。

宏伟的圣彼得大教堂的建筑计划，是朱利叶斯教皇临终之前托付给他的继任者的。但它刚开工不久就需要维修了。自1513年接任朱利叶斯的亚历山大六世上台开始，教廷就处于破产边缘。他不得不恢复了一项古老的做法，来筹备急需的现金。他开始出售"赎罪券"（就是一张用一定量现金换取的羊皮纸，允诺为罪人缩短他本应待在炼狱里赎罪的时间）。依据中世纪晚期的教义，这样做是合理合法的。

当时，萨克森地区的赎罪券销售权被一个名为约翰·特兹尔的圣多明各会僧侣掌控。约翰兄弟是一位善于强买强卖的推销

马丁·路德肖像 老卢卡斯·克拉那赫画

员。实际上，他聚财的心情有点过于急切了。他的商业手法激怒了这个日耳曼小公国的虔诚信徒们。而路德是一个十分诚实的人，盛怒之下，他做出了一件鲁莽的事情。1517年10月31日那天，路德来到萨克森宫廷教堂，把自己事先写好的95条宣言（或论点）贴在教堂的大门上，对销售赎罪券的行为进行了猛烈抨击。这些宣言全用拉丁文写成，平凡老百姓并不能理解。路德不是革命者，他本不愿意挑起一场骚乱。他仅仅是反对赎罪券这一制度，并希望他的神职同事们能明白他的想法。这本是神职人员和教授界人士间的家务事，路德并没有打算鼓动起老百姓对教会的偏见。

非常不幸的是，在那样一个敏感的时刻，全世界都开始对宗教事务非常感兴趣。要想心平气和地讨论宗教问题而不立刻引起严重的思想骚动，这根本无法办到。在不到两个月的时间里，这个萨克森僧侣的95条宣言就被全欧洲谈论起来。

很快，宗教改革就超越了信仰和宗教的范围，一场名副其实的骚乱像瘟疫一样在帝国境内蔓延开来。多年以来，一直被教皇们负责的精神世界帝国突然之间就土崩瓦解了。整个西欧又一次变成了充满杀戮与血腥的大战场。

宗教仇恨引发30年战争

  1618年，历时30年的战争爆发了。最后，它以1648年签订著名的威斯特伐利亚条约而告终。一个世纪以来积累的宗教仇恨，让这场战争变得难以避免。

  仇恨是自哈布斯堡王朝的斐迪南德二世当选德意志皇帝以后很快点燃的。斐迪南德本人是耶稣会精心教育的产儿，一个虔诚、顺服的天主教教会支持者。年轻时他就立下誓言，要把自己领土上的全部异端分子与异端教派都铲除。当他掌权之后，斐迪南德竭力信守诺言。在他当选皇帝两天以前，他的主要竞争对手弗雷德里克，帕拉丁奈特的新教徒选帝侯和英王詹姆斯一世的女婿，成了波希米亚国王。这和斐迪南德的意愿十分相悖。

  很快，哈布斯堡王朝的大军挺进波希米亚。面对强大的敌人，年轻的弗雷德里克国王只有无助地向英国与荷兰求援。但英国和荷兰均持观望态度。苦苦坚持几个月后，帕拉丁奈特选帝侯被赶出了波希米亚，他的领地也被划分到巴伐利亚信奉天主教的王族。而这只是长达30年战争的开始。

  战争连绵不断。当参战各国在1648年签署最终结束战争的威斯特伐利亚条约之时，战前的每一个问题都没有得到解决。天主教国家依旧信奉天主教，新教国家仍然忠实于马丁·路德、加尔文、茨温利等人的教义。瑞士与荷兰的新教徒建立起独立的共和国，并获得其他欧洲国家的承认。法国保留了梅茨、图尔、凡尔登等城市和阿尔萨斯的一部分。神圣罗马帝国尽管依旧作为一个统一的国家而存在，可早已是有名无实，既无人力、财力，又丧失了勇气和希望。

  30年的战争给欧洲诸国一个反面教训，它让天主教徒与新教徒再也不愿意尝试战争了。这场战争带来的仅有好处也就在于这点。既然谁也没有办法消灭谁，那就得和平相处。当然，这并不意味着宗教狂热和不同信仰间的仇恨从此在这个世界消失了。天主教和新教的争吵尘埃落定，新教内部不同派别的纷争又展开了。在英国，争吵演变为了一场内战。

第十三章

英国革命

国王的"神授君权"和虽非"神授"但却更合理的"议会权力"彼此争斗，结果以国王的失败而告终。

"君权神授"

斯图亚特王朝的詹姆斯国王与1625年继承他王位的查理一世一模一样，他们都坚定地认为自己"神圣的君权"是上帝特许的，他们能够凭靠自己的心愿治理国家但不必征求臣民们的意愿。这种观念很陈腐。

在1581年的西班牙，历史上第一次听到人民发出明确的反对"君权神授"的声音。当时北尼德兰七省联盟的国民议会废除了他们的合法君主——西班牙的菲利普二世。他们宣布说，"国王违背了他的协议，于是他也像其他不忠实的公仆一样，人民把他解职了"。自那时开始，有关一个国王对其人民应肩负有特别责任的观点，就在北海沿岸国家的人民中开始广为流传了。人民现在处于十分有利的地位，原因是他们有钱了。中欧地区的贫苦人民长时间处在其统治者的卫队监视之下，当然没有胆量讨论这一随时会把他们关进最近的城堡监狱的问题。但荷兰与英国的富有商人们，他们掌控着维持强大的陆军和海军的必备资本，而且也知道怎样操纵"银行信用"这个具有强大威力的武器，根本没有这种忧虑。他们很高兴用自己的钱财所控制的"神圣君权"，来对付每一个哈布斯堡王朝、波旁王朝或斯图亚特王朝的"神圣君权"。他们知道自己的金币和先令足够来击败国王拥有的唯一武器——愚蠢的封建军队。

查理一世和约克公爵 *彼得·雷尼画*

查理一世走上断头台

当斯图亚特王朝激怒了英格兰人民，宣布自己有权依照意愿行事而任何责任也不必承担之时，岛国的中产阶级们因此把国会作为第一道防线，开始反对王室滥用权力。国王不但拒绝让步，而且解散了国会。在11年的时间里，查理一世独自控制着国家政权。他强行征收一些大多数英国人以为是不合法的税收，他自如地管理着大不列颠，使国家成为他私人的乡村庄园。他有很多得力助手，在坚持自己的观念上也表现

查理一世上断头台

出十足的勇气。十分不幸的是，查理不但没有竭力争取到自己臣民的支持，还卷入和苏格兰长老会教派的公开争吵之中。尽管他很不情愿，可是为获得他急需的现金来应付战争，查理又一次召集国会。会议在1640年4月召开，议员们十分不满，竞相做指控性的发言，最终乱成一团。几周以后，查理把这个脾气暴躁的国会解散了。同年11月，一个新国会组成了。但是这个国会比前一个还要不听话。议员们现在已经知道，最终一定要解决的是"神圣君权的政府"还是"国会的政府"这个疑问。他们抓住时机抨击国王的主要顾问官，还处死了其中的6人。他们强行颁布了一项法令，不经过他们的同意，国王没有权力解散国会。最终，在1641年12月，国王收到一份国会向他递交的"大抗议书"，其中具体罗列了人民在统治者治理下所受的各种痛苦和磨难。

1642年1月，查理悄然离开了伦敦，希望到乡村地区替自己寻求支持者。双方各组织了一支军队，准备在君主的绝对权力与国会绝对权力之间，展开殊死之战。在这场斗争中，英格兰势力最强的宗教派别，也就是清教徒们（这些人属于国教圣公会中的一个派别，宣称尽最大可能地净化自己的信念与行为），他们很快站到了战斗的第一线。著名的奥利佛·克伦威尔指挥着这支清教徒组成的"虔诚兵团"。他们依靠铁一般的军纪和对神圣目标的深信不疑，很快成了反对派阵营的楷模。查理的军队遭到两次沉重打击。在1645年的纳斯比战役失败以后，国王仓皇逃到苏格兰，不久，他就被苏格兰人出卖给了英国。

1649年1月30日，整个欧洲都在看着这个日子。查理一世神情从容地走上了断头台。那一天，一个君主国家的人民依靠自己选出的代表，处死了一位不知道自己在一个现代国家所处地位的国王。这是历史上的第一次，但绝对不是最后一次。

斯图亚特王朝复辟

人们把国王查理被处死后的时代通称为克伦威尔时代。起初，克伦威尔仅仅是英格兰非正式的独裁者。1653年，他被正式推举为护国主。

牟利十分巨大的海外贸易和岛国商人紧抓不放的钱袋被放在最优先考虑的地位，宗教上依旧实行最严格的新教教义，丝毫没有讨论的余地。在维护英格兰的国际地位上，克伦威尔获得了非常大的成功。但是在社会改革方面，他却是一个不折不扣的失败者。毕竟，世界是由很多人共同组成的，他们的思想、言行很少一致。从长远来看，这好像也是一条十分明智的原则。一个只为整个社会中的少数成员谋利益、由少数成员统治的政府是不会长久生存的。在反击国王滥用权力的时候，清教徒是一支伟大的力量，它代表着进步。但是作为英格兰的统治者，他们严肃的信仰原则着实叫人无法忍受。

克伦威尔在1658年去世，他严厉的统治已经让斯图亚特王朝的复辟成为一件愉快的事情。实际上，流亡皇室受到了人们热烈的欢迎。英国人现在看到，清教徒们的虔诚与查理一世的暴政一样令人喘不过气来。只要斯图亚特王室的接班人同意遗忘他的父亲所一再坚持的"神圣君权"，承认国会在统治国家方面的首要地位，英国人将十分高兴地又一次成为效忠国王的好公民。

为达成这样的目的，已经花费了整整两代人的艰苦尝试。但是斯图亚特王室还没有从老国王的悲剧中吸取教训，依旧无法改正他们热衷权力的老毛病。1660年，查理二世回国即位，斯图亚特王朝复辟。

"护国主"克伦威尔

荷兰国王威廉统治英国

查理二世死后，信奉天主教的詹姆斯二世于1685年继任他哥哥的王位当上了英国国王。詹姆斯先是设立一支"常备军"（这支军队将由信奉天主教的法国人指挥），把国家放在外国干涉的严重危险之下；后来又在1688年颁布第二个"赦罪宣言"，强迫在全部国教教堂宣读。这引起了人们的强烈不满。

恰好在这个不幸的时刻，詹姆斯（他在第二次婚姻中娶了信奉天主教的摩德纳伊斯特家族的玛丽亚为妻）有了一个儿子。这代表着，日后继承詹姆斯王位的将不会是他的新教徒姐姐玛丽或安娜，而是一个天主教孩子。人们的怀疑又一次滋长。摩德纳伊斯特家族的玛丽亚年纪已经很大，看上去不像会生儿育女的！这是阴谋的一部分！肯定是某个别有用心的耶稣会教士把这个身世离奇的婴儿偷偷带进皇宫，好使未来的英国有一位天主教君主。流言沸沸扬扬，越传越离奇。这时，来自辉格和托利两党的7位著名人士联合给詹姆斯的长女玛丽的丈夫——荷兰共和国的领袖威廉三世去信，请他来英格兰，接任尽管合法却完全不受欢迎的詹姆斯二世做英国国王。

1688年11月15日，威廉在图尔比登陆。因为不希望使自己的岳父变成另一个殉难者，威廉协助他平安逃到了法国。1689年1月22日，威廉召开国会会议。同年2月23日，威廉宣布和自己的妻子玛丽一起成为英国国王，最终拯救了这个国家的新教事业。

此时的国会早就不再只是国王的咨询机构，它恰好利用这个机会取得更大的权力。先是人们把1628年的旧版《权利请愿书》从档案室里某个早被遗忘的角落里翻了出来。接着又通过了第二个更加严格的《权利法案》，要求英格兰君主一定要是信奉国教的人。这个法案还进一步宣称，国王没有权力搁浅或者废除法律，也没有权力答应某些特权阶层不遵守某项法律。它还强调说，"如果没有国会的允许，国王不能够擅自征税，也不能够擅自组建军队"。于是，在1689年，英格兰已经取得了其他欧洲国家前所未有的自由。

第十四章

权力均衡

路易十四时期，法国的"神圣君权"空前高涨，仅有新出现的"权力均衡"原则限制着国王的勃勃野心。

"太阳王"的野心

在英国人民为自由而战的那些年月中，欧洲大陆的法国发生了什么变化呢？

当时，法国是欧洲人口最密集、国力最繁荣发达的国家。当路易十四登基之时，马扎兰和黎塞留这两位伟大的红衣主教刚刚将古老的法兰西王国治理成17世纪强有力的中央集权国家。而路易十四也称得上出类拔萃、才智卓绝。就拿我们这些20世纪的人们来讲，不论是否意识到，我们从始至终生活在"太阳王"时代灿烂记忆的包围之中。路易十四宫廷创造的礼仪和谈吐，今天依旧是我们社交生活的基础和最高标准。在外交领域，法语依旧作为国际会议的官方语言而不衰。

然而非常不幸的是，在这辉煌的图景背后，还存在着叫人苦恼的阴暗面。

在威斯特伐利亚条约签订之时，路易十四恰好10岁。这个结束30年战争的条约，同时也结束了哈布斯堡王朝在欧洲大陆的统治地位。一个如路易这样才高志远的青年当然会充分利用这个时机，来让自己的王朝替代从前的哈布斯堡王朝，坐上欧洲新霸主的宝座。这些是能够想见的。1660年，路易娶了西班牙国王的女儿玛丽亚·泰里莎为妻。当他半疯癫的岳父——哈布斯堡王室西班牙分支的菲利普四世死了之后，路易马上宣布西班牙管辖下的荷兰部分（今比利时）作为他妻子的嫁妆之一，归属法国所有。这样的无理要求一定会给欧洲和平带来灾难性的恶果，原因是它危及新教国家的太平。在荷兰七省联盟的外交部部长扬·德维特的率领之下，历史上第一个伟大的国家联盟，也就是荷兰、英国、瑞典的三国同盟在1664年宣告成立。但是它并没有维持很长时间。路易十四用金钱和诺言收买了英国的查理国王和瑞典议会，使他们

路易十四骑马像

成为旁观者。被盟友们出卖的荷兰不得不独自面对危险命运。1672年，法国军队入侵荷兰，锐不可当地朝荷兰腹地挺进。因此，海堤又一次被开启，法兰西太阳王和从前的西班牙人似的，深陷在荷兰沼泽的淤泥中。1678年签订的尼姆威根和约不但没有解决任何问题，反而引发了另一场战争。

第二次侵略发生于1689至1697年之间，最后以里斯维克和约宣告结束。但它并没有给予路易十四渴求的统治欧洲的地位。尽管路易的老对头扬·德维特死在荷兰暴民的手里，但是他的继任者威廉三世（荷兰执政者，后来成为英国国王）击碎了路易十四成为欧洲之主的各种努力。

"权力均衡"原则

　　经过长期的较量，一个新的国际政治的基本原则产生了。也就是从今往后，再也不会由一个国家来单独统治整个欧洲和整个世界，什么时候都不可能。

　　这就是"权力均衡"原则。它不是一条成文的法律，可是在3个世纪里，如同自然法则一样获得了各个国家的严格遵循。提出这个观点的人士以为，欧洲在其民族国家不断发展壮大的阶段，只有当整个大陆的种种矛盾和利益冲突处在绝对平衡的状态下，才可能延续下去。绝不能答应某个单独的势力或独自的王朝统治欧洲其他全部国家。在30年战争期间，哈布斯堡王朝就沦为了这一法则的牺牲品。但是，他们是无意识的牺牲者。宗教论争遮盖了隐藏在冲突之下的真正含义，导致人们并不能很好地把握这场战争的本质。但是自那时开始，我们就发现，对于经济利益的冷静思考和打算是怎样在所有国际事务中占据重要地位的。我们开始看到一种新型政治家的出现，这是一些精明务实、手拿计算尺与现金出纳机的政治家。扬·德维特是这个新型政治学校的第一位成功的倡导者与教师。威廉三世则是他第一名优秀的毕业生。而路易十四虽然拥有数不清的名望和辉煌，但是却变成了首个自觉的受害者。自那个时期开始，还有许多人重复着错误。

威廉三世

第十五章

俄国称霸北欧

十七岁的彼得一世发动政变，将姐姐索菲亚赶下王位，独揽大权。但他并不满足只做一个半野蛮、半东方化民族的沙皇，他立志要成为一个文明国家的伟大君主。

沙皇彼得的改革

17世纪时，俄罗斯这个新兴国家的领土处在不断扩张之中，向东很快延伸到西伯利亚。随着实力逐渐增长，俄罗斯成为其他欧洲国家必须正视的一支力量。

1682年，年仅10岁的彼得一世与其同父异母的姐姐索菲亚继承了王位。当彼得17岁时，他突然发动政变，把姐姐索菲亚赶下王位，自己当了俄罗斯的新统治者。彼得并不满足只做一个半野蛮、半东方化民族的沙皇，他立志要做一个文明国家的伟大君主。但是，要想将一个拜占庭和鞑靼混合的俄罗斯改变成为一个强大的欧洲帝国，这并非一夜之工。它需要强有力的手腕和睿智清醒的头脑。彼得正好两者都具备。1698年，把现代欧洲移植到古老俄罗斯体内的高难度手术正式开始施行了。

彼得作风硬朗，大刀阔斧，且不依循任何章法。他迅速地颁布各种法令，只是记录下来都十分困难。彼得好似感到，在这以前发生的所有事情都是错误的。因此，必须竭力在短时间内把整个俄国彻底改正过来。他的工作的确十分有成效。到他死去时，彼得成功地替俄罗斯留下了一支20万人的训练有素的陆军与一支拥有50只战舰的海军。旧的政府体制在一夜间被清除得十分干净。国家杜马，也就是老的贵族议会被解散，取代它的是沙皇身边的一个由国家官员组成的咨询委员会，也叫作参议院。

俄罗斯被划分为八大行政区域，即行省。全国每个地方都在大兴土木，修筑道路，建造城镇。他们把工厂纷纷设立在最能取悦陛下的地方，根本不思考是否接近原材料的产地。许多条运河在挖掘中，东部山脉的矿藏也获得了开发。在这片遍布文盲和愚昧的土地上，中小学纷纷建立起来，高等教育机构、大学、医院和职业培训学校也似雨后春笋一样出现了，它们替新俄罗斯培养急需的专业技术人才。荷兰造船工程师和来自世界各地的商人以及工匠被吸引到俄罗斯定居。印刷厂普遍设立，但是全部出版的书籍一定由严厉的皇家官员事先来审查。一部新法典问世了，对社会各阶级必须担负的责任做出了具体的规定。民法和刑法体系也被建立起来，还被印刷成多册的丛书出

沙皇彼得一世画像

版。老式俄罗斯服装被明令取消，帝国警察手拿剪刀，等候在每一个乡村路口，一夜间把长发披肩、胡子满脸的俄罗斯山民变成了面容干净、修饰一新的文明西欧人。

俄国成为北欧新霸主

1654年，30年战争的英雄——瑞典国王古斯塔夫·阿道尔丰斯的独生女克里斯蒂娜宣布放弃王位，前往罗马去虔诚服侍天主。古斯塔夫的一个新教徒侄子查理十世从瓦萨王朝末代女王手里继承了王位。在查理十世和查理十一世的治理下，新王朝把瑞典王国带向了一个发达繁荣的高峰。但是在1697年，查理十一世由于疾病猝死，年仅15岁的小男孩查理十二世继承了王位。

这是北欧诸国等待已久的时机。在17世纪发生的宗教战争之中，瑞典凭借牺牲邻居们的利益独自发展。现在是邻邦上门要债的时候了。大战很快爆发，一方是俄国、波兰、丹麦、萨克森组成的联盟，另一方是孤军作战的瑞典。1700年11月，著名的纳尔瓦战役打响。彼得的缺乏训练的新军遭遇到了查理带领的瑞典军队毁灭性的打击。查理是那个年代最伟大的军事天才之一。在击溃彼得以后，他很快掉转矛头去迎击其他敌人，不给他们任何喘息的机会。在接下来的9年里，他长驱直入，一路烧杀抢夺，摧毁了波兰、萨克森、丹麦和波罗的海各省的很多城镇村庄。这时，彼得却在遥远的俄罗斯养精蓄锐，加紧训练他的士兵。

在1709年的波尔塔瓦战役中，俄国人一举击败了疲惫不堪的瑞典军队。面对失败，查理并没有气馁。他依旧是历史舞台上的一个高度形象化的人物和带有浪漫色彩的传奇英雄。但是他劳而无功的复仇行动却将自己的国家一步步推向了毁灭。1718年，查理身亡（具体原因不详）。到1721年签订尼斯特兹城和约时，瑞典除了保留芬兰外，此前在波罗的海地区拥有的全部领土都丧失了。彼得苦心经营的新俄罗斯帝国最终成为了北欧地区的第一强国。但是，有一个新对手正在悄悄兴起之中。这就是德意志地区的普鲁士帝国。

瑞典国王查理十二世

第十六章

普鲁士的崛起

现代普鲁士是一个个人抱负与愿望和社会整体利益完全融为一体的国家。它的建立要把功劳算在弗雷德里克大帝之父——弗雷德里克·威廉一世的名下。

粗鲁的父亲和温文尔雅的儿子

　　威廉一世是个默默无闻、节俭勤奋的普鲁士军士，热爱酒吧和荷兰烟草，但是对一切美丽服饰与女人气的花边羽毛（尤其是来自法国的）怀有深深的敌意。他仅有一个信念，那就是恪尽职守。他对自己严格，对下属们的软弱行径也从来不宽容，不管这个人是将军还是士兵。他与儿子弗雷德里克的关系尽管说不上誓不两立，可至少也是矛盾重重的。粗鲁的父亲和感情细腻、温文尔雅的儿子有着天壤之别。儿子喜欢法国式的礼仪，酷爱文学、哲学、音乐，但是这些都被父亲作为女人气的表现加以严厉斥责。最后，两种差别很大的性情间产生了严重冲突。

　　弗雷德里克企图逃到英国，途中被追回，受到军事法庭的审判。最痛苦的是，弗雷德里克还被迫亲眼看到了帮助他出逃的好友被斩首的整个过程。之后，作为处罚的一部分，这位年轻的王子被流放到外省的一个小要塞，在那里学习以后做一个国王应该学会的各种治国之方。这也算是塞翁失马。当弗雷德里克在1740年即位后，他对怎样治理国家已经成竹在胸。从一个贫困家庭孩子的出生证明，到繁复的国家年度预算的细节，他都十分清楚。

　　作为一名作者，尤其是在他写作的《反马基雅维里》一书中，弗雷德里克对这个古佛罗伦萨历史学家的政治观点表示了反对和轻视。马基雅维里曾教诲他

普鲁士国王弗雷德里克·威廉一世
安东尼·佩恩画

的王侯学生们：为了国家的利益，在必要的时候完全能够运用撒谎与欺诈的手段。但是在弗雷德里克心目中，理想的君主应该是人民的第一公仆。他赞同的是以路易十四为楷模的开明君主专制。但是在现实中，弗雷德里克尽管不分昼夜、每天为人民工作长达20个小时，可是他却不允许身边有任何顾问。他的大臣们只不过是一些高级书记员。普鲁士是他的个人私有财产，完全借助他自己的意志进行管理，而且，绝不允许任何事情妨碍国家的利益。

普鲁士国王弗雷德里克·威廉二世

普鲁士的崛起

　　1740年，奥地利皇帝查理六世去世。老皇帝生前曾经写了一份遗书，确定了一项严格的条约，企图保护他仅有的女儿玛利亚·泰利莎的合法地位。但是，他刚被埋葬进哈布斯堡王族的祖坟不久，弗雷德里克的普鲁士军队就已经兵临奥地利边境，侵占了西里西亚地区。

　　普鲁士宣称，依据某项古老的权利，他们有权力占领西里西亚（甚至整个欧洲的中部地区），可是这些权利无疑是年代久远且令人质疑的。经过多次激烈的战斗，弗雷德里克完全鲸吞了西里西亚。有好几回，弗雷德里克面临被击溃的边缘，但是他在自己新获得的土地上坚持了下来，打败了奥地利军队的全部反击。整个欧洲都为这个新兴强国的突然崛起而感到惊讶。在18世纪，日耳曼原本是一个已经毁灭在宗教战争中，被任何人轻视的弱小民族。弗雷德里克依靠着与彼得大帝类似的意志与精力，让普鲁士屹立在世人面前，使从前的轻视变为深深的畏惧。

　　普鲁士的国内事务被管理得井然有序，臣民们没有任何抱怨的理由。以往为赤字所困扰的国库现在每年都有盈余。古老的酷刑被废除，司法体系正在进一步完善之中。优良的道路，优良的学校，优良的工厂，再加上认真仔细的精心管理，一切都让人们感到为国家付出是绝对值得的。他们的钱被用在了关键地方，他们的回报也是一目了然的。国家的迅速崛起，的确比任何事情都让国民感到由衷的自豪。

建于弗雷德里克·威廉二世时期的柏林勃兰登堡门

第十七章

美国革命

几经周折，英国人终于将整个北美大陆收为囊中之物，但很快在这片新土地上生活着的拓荒者们却与他们的政府产生了矛盾。于是一场战争不可避免地爆发了。

北美大陆成为英国的囊中物

西班牙人与葡萄牙人最早探寻了印度洋与太平洋地区。经过了100多年的时间，英国人与荷兰人才明白，并奋起投入这一利润无限的竞技场。事实证明，这对后来者却是一个优势。因为最早的开拓工作既艰苦危险，又耗资多。更为有利的是，早期的航海探险家们通常采用暴力手段，让自己在亚洲、美洲、非洲的土著居民那里臭名远扬。这也就不难理解，为什么那些土著人像欢迎朋友甚至救世主一样的欢迎迟到一步的英国人与荷兰人。但我必须客观地说，这两个国家并不比先到者高尚多少。只不过他们的身份首先是商人，他们从不允许传教的思考因素干预他们正常的生意。总的来说，全部欧洲人在第一次和弱小民族交往时，往往都表现得十分野蛮。英国人与荷兰人的高明之处就在于，他们明白在什么时候适可而止。只要能源源不断地获得胡椒、金银和适当的税收，他们非常乐意让土著居民自由自在地生活。

所以，他们没花费任何力气就在世界上资源最富饶的地区站稳了脚。可是这一目的刚刚达到，双方就开始为争夺更多的领地而产生了矛盾。17世纪发生在英国和荷兰之间的许多战争，如所有实力悬殊的战争一样，以强者最后获胜而告终。但是英国和法国（它的另一重要对手）的战争对我们了解这段历史却更具重要意义。

1689年，当最后一个斯图亚特王室成员从不列颠的土地上失去踪影后，英国国王换成了路易十四最强大的对手——荷兰执政威廉。自此，一直到1763年签订《巴黎条约》，英法两国为争夺印度和北美殖民地的所有权展开了很长时间的战争。

最终，法属殖民地被割断了与母国的联系，大都落入英国人的手中。到《巴黎和约》签订的时候，整个北美大陆成了英国人的囊中之物。

"拓荒者"与殖民政府的矛盾

　　在英国人攫取的一大片北美土地上，仅是很小一部分有人定居。它自美国东海岸的北部一直往南延伸，形成一条狭窄的带子。北部的马萨诸塞居住着1620年抵达这个地方的清教徒们（他们在信仰问题上绝不宽容，不论英国的国教还是荷兰的加尔文教义都不能够使他们感觉到幸福），再往南，是卡罗林纳与弗吉尼亚（一块单纯为牟取利润而专门种植烟草的地区）。

　　但是有一点必须指明，在这片新土地上生活着的拓荒者们，他们和自己国内同胞的性情完全不同。在孤单无助的旷野荒原中，他们学会了自力更生与特立独行。他们是一群辛苦耐劳、精力充沛的先驱者的自豪子孙，血管里流着坚韧旺盛的生存欲望。在那个年代，懒汉与闲人是

波士顿倾茶事件

不会冒着生命危险到陌生地方的。从前在自己的祖国，各种限制、压抑和迫害让殖民者们呼吸不到自由的空气，让他们的生活成了一潭死水。现在，他们决定要做自己的主人，按照自己喜欢的方式做事。但是英国的统治阶级好像没有办法理解这点。官方对殖民者非常不满，但是殖民者们依旧可以感觉到官方的制约，不免潜滋暗长出对英国政府的恨意来。

马萨诸塞州的国民自卫军

当北美殖民者感觉到和平谈判不可以解决问题，他们就拿起了武器，由于不愿意做顺民，他们就选择做叛逆者。

北美独立战争

英格兰和它的北美殖民地之间的战争一共延续了7年。在一小部分勇敢者的配合下，华盛顿率领着他装备极差可是顽强无比的军队，不断地给国王的势力以打击。一次又一次，他的军队面临彻底失败的边缘，但他的智慧总可以在最后关头扭转战局。他的士兵总是十分饥饿，得不到充足的给养。冬天缺少鞋与大衣，被迫蜷缩在寒风刺骨的壕沟里面，不停发抖。但是他们对自己首脑的信任没有一丝动摇，他们一直坚持到最终胜利的到来。

但是，除了华盛顿指挥的很多精彩战役和去欧洲游说法国政府与阿姆斯特丹银行家的本杰明·富兰克林所取得的外交胜利以外，还有发生在革命早期的更加有趣的事情。

1776年6月，从弗吉尼亚来的理查德·亨利·李向大陆会议建议："这些联合起来的殖民地是自由而独立的州。它们应该解除对英国王室的所有效忠，因为它们和大不列颠帝国间的一切政治联系都不复存在。"

这项提议由来自马萨诸塞的约翰·亚当斯附议，在7月2日正式实行。1776年7月4日，大陆会议正式发表了《独立宣言》。这个宣言出自托马

莱克星顿战役 美国国会大厦浮雕

斯·杰斐逊的笔下。托马斯·杰斐逊为人严谨，精通政治学，善于政府管理，他注定将成为美国名留史册的著名总统之一。

华盛顿将军在普林斯顿

《独立宣言》发表的消息被传到欧洲之后，紧跟着的是殖民地人民的最后胜利和1787年通过著名宪法（美国的首部成文宪法）的消息。这一系列事件引发欧洲人极大的震惊与关注。在欧洲，高度中央集权的王朝制度伴随17世纪的宗教战争建立起来以后，这时已经达到了它权力的极限。国王的宫殿越建越大，显示出不可一世的宏伟和豪华，但是迅速滋生的贫民窟却把陛下的城市包围了。这些贫民窟中的人们在绝望和无助之中生存，已经表现出动乱的兆头。上等阶层——贵族与职业人员，也开始对现存社会的经济和政治制度产生了质疑。北美殖民者的胜利恰好向他们证明了，一些在几天前看起来还不大可能的事情，其实是绝对能做到的。

依据一位诗人的说法，揭开莱克星顿战役序幕的枪声"响遍了全球"。

《独立宣言》　约翰·特朗布朗画

第十八章

法国大革命

18世纪，古老的文明开始腐朽，一场革命就在法国爆发了。法国革命是一次伟大的革命，它向世界宣示了自由、平等、博爱的原则。

奢华与专制

路易十四对法国的专制统治长达72年，在这72年里，法国国王成了一切，甚至国家本身。那些贵族阶层以前对封建国家忠心不二，现在他们被解除了所有职权，一天到晚无所事事，最后成了凡尔赛宫廷奢华生活的陪衬。

不过，18世纪法国的开销一直是个天文数字。各种名目的税收是这笔开支的来源。可悲的是，因为法国国王的权势还不够强大，因此贵族和神职人员是不分担税收的。如此一来，农业人口就成了这笔巨大税务的唯一承担者。当时，法国农民住的是茅屋棚户，不遮风不挡雨，生活穷困潦倒。以前他们还与庄园主们有着密切的联系，可是现在这种联系也已成为历史，如今他们成了冷酷无能的土地代理人的牺牲品，生存条件一日不如一日。

在此，我要给你们一个小小的警告：在你阅读某本描写法国大革命的小说或观看某部有关于此的戏剧、电影时，你会很容易得到一个印象——这次革命纯粹是一伙从巴黎贫民窟来的乌合之众干的。但事实却不是这样的。虽然乌合之众经常出现在革命的舞台上，但在通常情况下，他们发起冲锋是因为受到那些中产阶级专业分子的鼓动和领导。简单盲目的他们成了鼓动者锐不可当的盟军。然而在最初阶段，导致革命的基本思想只是由几个拥有杰出智慧的人物提出的。起初，他们在别人的引荐下，来到旧贵族们迷人的客厅，把他们的智慧和奇思妙想作为新鲜的娱乐展示给无所事事的女士和先生们。这些客人虽然赏心悦目但无比危险，他们玩起了"社会批评"的焰火，一不留神，几粒火星从和这座大房子一样陈旧腐朽的地板裂缝里掉了下去，一直落到了盛满陈谷子烂芝麻的地下室，并引起了火苗。这时，救火声四起。虽然房主无一不通，可偏偏没有学会怎样管理自己的产业。他不知如何将这星星之火扑灭，所以火势不断蔓延，最后熊熊大火将整座建筑完全吞噬。这就是我们所说的法国大革命。

攻占巴士底狱

当人们为法国引入君主立宪制度的努力宣告失败之后，义愤填膺的人们开始猛攻巴士底狱。1789年6月14日，这座人们既熟悉又憎恨的政治犯监狱终于被捣毁。它曾经象征着君主专制的暴政，但现在只是一个城市的关押所，用来关押小偷和轻微刑事犯人。许多贵族见势不妙，纷纷逃往国外。但国王还若无其事，和平时没有什么两样。就在巴士底狱被攻克的当天，他

法国大革命前的封建等级

还在皇家林苑兴致勃勃地打了一天猎，最后带着自己的猎物——几头母鹿，心满意足地返回了凡尔赛。

8月4日，国民议会正式启动。在巴黎群众的强烈要求下，王室、贵族及神职人员的一切特权统统被废除。8月27日，著名的《人权宣言》——法国第一部宪法的序言发表了。截止到此，王室还能控制大局，但依然未能从中吸取教训。大多数人认为，国王会再次密谋，以阻止改革的进行。最终，巴黎在10月5日再次发生暴动。这次暴动波及凡尔赛，骚乱持续到人们将国王带回巴黎的宫殿，才得以平息。人们对在凡尔赛的国王路易十六不放心，要求能时刻监视他，防止他与在维也纳、马德里及欧洲其他王室亲戚们进行秘密联系。

攻占巴士底狱

处死路易十六

    1791年6月21日，路易十六悄悄出逃。但国民自卫军根据硬币上的头像认出了他，并在瓦雷内村附近将他的马车截住。路易只得又乖乖地回到了巴黎。

    1791年9月，法国通过了第一部宪法，国民议会完成了自己的使命，成员们都各自回家了。1791年10月1日，召开了立法会议，完成国民会议没有完成的工作。新成立的立法会议的代表中，有很多激进的革命党人。其中，雅各宾党是胆子最大、知名度最高的一个派别，它常常在古老的雅各宾修道院举行政治聚会，因此称为"雅各宾派"。这些年轻人中大部分都是专业人员，他们喜欢发表演说，他们的演说慷慨激昂，充满了暴力色彩。当他们的演说在柏林与维也纳的报纸上刊登出来

路易十六和他的家人在瓦雷内被捕　佚名

后，普鲁士国王和奥地利国王为了拯救他们兄弟姐妹的性命就决定采取行动。当时，列强们正忙于争夺波兰。那里不同的政治派别互相倾轧，自相残杀，使整个国家成了任人宰割的肥肉。但是，为了解救路易十六，在瓜分波兰的同时，欧洲的国王和皇帝们还是想方设法向法国派出了一支军队。

路易十六 *安东尼·弗朗索瓦画*

因此，法国上下一片恐慌。多年的饥饿与痛苦所累积的仇恨，在这时达到了高峰，令人恐惧。国王居住的杜伊勒里宫遭到了巴黎民众的猛烈进攻。对王室忠心耿耿的瑞士卫队誓死保卫他们的主子，可优柔寡断了一辈子的路易十六在这时还是临阵退缩了。当冲击王宫的人潮正要退却，国王却命令"停止射击"。民众在廉价酒精的刺激下，在震耳欲聋的喧嚣中冲进王宫，杀光了瑞士卫队的所有士兵。然后，在会议大厅里生擒活捉了路易十六，并把他关进了丹普尔老城堡。从前不可一世的国王如今成了阶下囚。

1792年9月，立法会议在成立了一个新的国民公会后宣布闭会。公会成员差不多都是激进的革命者。路易被正式指控犯有最高叛国罪，并在国民公会面前受到审判。他被判罪名成立，通过投票表决，结果他以361票对360票（决定路易命运的额外1票，是由他的表兄奥尔良公爵所投）被判处死刑。1793年1月21日，路易走上了断头台。至死，他仍然平静而不失尊严，但始终也不知道导致所有这些流血事件与骚乱的原因。他因过于高傲，不屑于向旁人请教。

雅各宾派的暴政

处死国王后，激进的雅各宾党将矛头指向了吉伦特党人。自从成立了一个特别的革命法庭，吉伦特党人有21名头领被判处死刑，其余成员也纷纷被迫自杀。这些人都很诚实能干，只是太理性，太温和，在这恐怖的岁月中是无法生存的。

1793年10月，雅各宾党人宣布暂停实施宪法，直到恢复和平。丹东和罗伯斯庇尔领导了一个小型的"公安委员会"，这个"公安委员会"接管了一切权力。基督信仰与公元旧历被废除了。托马斯·潘恩在美国革命期间曾大力宣扬的一个带着"革命恐怖"的"理性时代"终于降临了。在1年多的时间里，大批的人被屠杀，平均每天有多达70—80的善良的、邪恶的、中立的人们死于"革命恐怖"。

少数人的暴政彻底摧毁了国王的专制统治并取而代之。他们是那样深深热爱着民主，以至于不能不杀死那些和他们观点不同的人。法兰西变成了一个屠宰场。每个人都提心吊胆，互相猜疑。几个老国民议会的成员自知很快就会被送上断头台，他们最终联合起来反抗已经处死了自己大部分同伴的罗伯斯庇尔，而这样做纯粹是因为恐惧。罗伯斯庇尔，这位"唯一真正的民主战士"试图自杀，但未遂。人们对他受伤的下颚进行了简单包扎后，然后把他也送上了断头台。1794年6月27日（根据奇特的革命新历，这一天是第2年的热月9日），恐怖统治宣告结束，全巴黎市民如释重负，欢呼雀跃。

不过，法兰西所面临的形势还很危险，这时政府必须操纵在少数强有力的人手中，直到把革命的敌人们都驱逐出境。衣衫褴褛、饥肠辘辘的革命军队正在莱茵、意大利、比利时、埃及等各个战场上冲锋陷阵，击溃革命的每一个凶险的敌人。就在这时，一个由五人组成的督政府成立了，他们统治了法国四年。之后，一个名叫拿破仑·波拿巴的人接管了大权，他是个天才将军，1799年他担任了法国的"第一执政官"。在以后的15年里，古老的欧洲大陆变成了一个政治实验室，这是史无前例的。

第十九章

拿破仑

他并非地道的法国人,但最终成了一切法兰西优秀品质的最高典范。他身材矮小、其貌不扬,但曾使几乎整个欧洲臣服于他的脚下。对他的一生,哪怕只是简单地勾勒一个提纲,也需要好几卷书的容量。他就是拿破仑。

拿破仑是意大利人

拿破仑·波拿巴 格罗画

拿破仑生于1769年，他的父亲是卡洛·玛利亚·波拿巴，拿破仑是他的第三个儿子。老卡洛是科西嘉岛阿佳萧克市的一位公证员，他为人诚实，名声一直很好。他的妻子叫莱蒂西亚·拉莫莉诺，她是位好妻子。事实上，拿破仑并不是法国公民，而是一个纯粹的意大利人。他出生于科西嘉岛，而科西嘉岛曾相继是古希腊、迦太基和古罗马帝国在地中海的殖民地。为了争取独立，科西嘉人多年以来顽强奋战。最初，他们努力想摆脱热那亚人的统治，但是，18世纪中期以后，法国成了他们斗争的对象。在科西嘉人反抗热那亚的战斗中，法国曾慷慨地伸出了

雾月政变

援助之手，后来，为了自己的利益，法国又霸占了科西嘉岛。

在前20年，年轻的拿破仑是一位忠实的科西嘉爱国者，科西嘉有个"辛·费纳"组织，拿破仑是其成员之一，他一心希望让自己热爱的祖国脱离令人痛恨的法国的枷锁。但是，法国大革命满足了科西嘉人的各种诉求，这实在让人意想不到，因此，在布里纳军事学校毕业后，拿破仑把自己的精力逐渐转移到为法国服务上。虽然他的法语说得很糟糕，既不会正确拼写，又有一种浓浓的意大利口音，但他最后还是成了一名法国人。直到有一天，他终于成了一切法兰西优秀品质的最高典范。直到今天，他仍然是高卢天才的象征。

昙花一现的辉煌

　　拿破仑是那些一夜成名、平步青云的伟人中的典型。他的全部政治与军事生涯加起来还不足20年。可就在这短短的20年里，他指挥的战争、赢得的胜利、征战的路程、征服的土地、牺牲的人命、推行的革命，不仅把欧洲大地搅得地覆天翻，而且大大超过了历史上的所有人，连伟大的亚历山大大帝和成吉思汗也无法与他相比。

　　拿破仑身材矮小，早年身体不好。他其貌不扬，乍见之下很难给人留下深刻的印象。即使到他辉煌的高峰时期，在不得不出席的某些盛大的社交场合中，他的言谈举止仍显得很笨拙。他不是出身名门，没有显赫的背景可以依靠；也没有家庭留下的大笔财富可以沾光。但他却是个最出色的演员，他在整个欧洲大陆这个舞台上施展他的表演才华。无

拿破仑在埃及热罗姆

论什么时候、什么情形，他做出的姿态总是那么准确，最能打动观众；他说出的言辞总是那么动听，最能触动听众。无论是在埃及的荒漠站在狮身人面像和金字塔前的姿态，还是在露水润湿的意大利草原上对士兵们演讲的言辞，他都是那样富有感染力。无论处于怎样的困境，他都能控制一切，牢牢把握着局势。即使是到了生命的尽头，他已经被流放到大西洋的一个荒岛上，成为一个任凭庸俗可恶的英国总督

1805年的拿破仑皇帝

安德鲁·亚皮安尼画

摆布的垂死病人，他都依然占据着舞台的中心。

对他的一生，哪怕只是简单地勾勒一个提纲，也需要好几卷书的容量。要想讲清楚他对法国所做的巨大政治变革、他颁布的后来被大多数欧洲国家采纳的新法典以及他在公众场合的不计其数的积极作为，恐怕写几千页都写不完。不过，为什么他的前半生如此辉煌而最后十年却一败涂地？这个问题我能用几句话解释清楚。从1789年到1804年，拿破仑是法国革命的伟大领导者。他之所以能把奥地利、意大利、英国、俄国逐一打得落花流水，是因为那时他和他的士兵们都热衷于"自由、平等、博爱"这些民主新信仰的传播，是王室贵族的对头，是人民大众的朋友。

但在1804年，拿破仑在法兰西自立为世袭皇帝，并命人请来教皇庇护七世来为他加冕。王位使原来的革命首领发生了巨变，成了第二个失败的哈布斯堡君主。他不但不再对受压迫的人民进行保护，反而成了一切压迫者和暴君的首领。他的刽子手持刀在手，时刻准备着对那些胆敢违抗皇帝神圣意志的人们动手。

当拿破仑从革命的英雄摇身一变，成为旧制度一切邪恶品行的化身时，所有诚实正直的人民都站在了法兰西皇帝的对立面。

英雄末路

法国海军被英国人挫败之后，被荣耀迷失了心智的拿破仑将报复的矛头指向了俄罗斯——那片炮灰不断而又神秘辽阔的国土。

拿破仑军队历经漫长的艰苦跋涉，终于在两个月后抵达了俄罗斯的首都，并把他的司令部建立在了神圣的克里姆林宫。但他攻占的只是一座空城。1812年9月15日深夜，莫斯科突然火光冲天。大火持续了4天4夜，拿破仑在第5天傍晚只得下达撤退的命令。两周后，天上下起了大雪，整个森林和原野被掩盖在厚厚的积雪之下。法军冒着风雪，踩着泥泞的道路艰难前进，直到11月26日才抵达别列齐纳河。而在这时却遭到了俄军疯狂的反击。法军伤亡惨重。等到第一批衣衫不整的幸存者出现在德国东部的城市时，已经到了12月中旬。

随后，即将发生反叛的谣言四起。"是时候了，"欧洲人说道，"将我们从忍无可忍的法兰西枷锁下解脱出来的时候到了！"虽然法国间谍无处不在，但他们还是早已精心隐藏好了滑膛枪，现在纷纷拿了出来，准备战斗。不过还没等他们明白是怎么回事，拿破仑就带着一支生力军返回了。原来皇帝陛下抛下溃败的军队，乘坐轻便的雪橇，悄悄返回了巴黎。为了避免神圣的法兰西领土遭到外敌的入侵，他发出了最后的征召军队的命令。

跟着他去东边迎战反法联军的是一大批十六七岁的孩子。1813年10月16日至18日，莱比锡战役在恐怖声中打响了。身着蓝、绿军服的两大帮男孩殊死搏斗了整整3天，连埃尔斯特河水都被鲜血染红了。10月17日下午，俄国后备部队不断涌来，最后法军的防线被突破了，拿破仑弃兵而逃。

拿破仑重返巴黎，宣布将王位让给他年幼的儿子。但是反法联军却坚持把王位让给路易十八——已故的路易十六的弟弟来继承。最后，在哥萨克骑兵和普鲁士骑兵的簇拥下，两眼无神的波旁王子胜利地登上了王位。

最后的抗争

波旁王朝复辟之后，拿破仑成了地中海厄尔巴小岛上的君主。在那里，他把他的马童们组成一支微型军队，在棋盘上进行一场场战役。

可是，当拿破仑离开法国后，法国人就开始怀念过去，他们知道他们失去的是多么宝贵的东西。在过去的20年，虽然代价惨重，但是那个年代毕竟充满了光荣与梦想。那时的巴黎是辉煌的中心，是世界之都，而没有了拿破仑，法国和巴黎成了不入流的平庸之所。肥胖的波旁国王在流放期间不务正业，没有一点长进，他懒惰、庸俗，巴黎人很快就开始对他大失所望了。

1815年3月1日，拿破仑突然在戛纳登陆，而这时反法同盟的代表们正准备着手清理被大革命搞乱的欧洲版图。在不到一周的时间里，法国军队将波旁王室弃置不顾，纷纷前往南方去效忠拿破仑。拿破仑直奔巴黎，3月21日，他到达巴黎。这次，他变得谨慎多了，他呼吁，要求和谈，可盟军坚持用战争来回答他。整个欧洲都联合起来反对这个"背信弃义的科西嘉人"。拿破仑迅速挥师北上，力争在敌人们纠集起来之前把他们逐一击破。不过，如今的拿破仑已经没有当年之勇。他动不动就患病，不时感觉疲劳。当他本该打起十二分的精神，指挥他的先头部队发动突袭时，他却躺下休息了。同时，他失去了许多对他忠心不二的老将军，他们都死了。

幽禁中的拿破仑

6月18日，拿破仑与惠灵顿统率的军队在滑铁卢相遇，拿破仑战败。此后不久，拿破仑被送往圣赫勒拿岛——他最后的流放地。在圣赫勒拿岛，他度过了生命中最后的7年。他试着撰写自己的回忆录，他和看守争吵，他总是沉浸在回忆中。临终时，他正带着他的军队走向胜利。"让米歇尔·内率领卫队出击。"是他发出的最后一道命令。然后，他与世长辞了。

第二十章
民族独立运动的兴起

尽管反动势力手段残忍，但民族独立的热情仍旧高涨。"民族"似乎成了人类社会稳步发展的必需品，任何阻挡这股潮流的尝试都会以惨败告终。

海地点燃拉美革命圣火

民族独立的大火是从远离欧洲的南美开始点燃的。由于西班牙人在漫长的与拿破仑战争期间对南美大陆无暇顾及，因此该大陆的西属殖民地度过了一段相对独立的时期。即使西班牙国王成为拿破仑的阶下囚，南美殖民地人民对他仍然忠心耿耿，把其兄1808年任命的西班牙新国王约瑟夫·波拿巴拒之门外。

其实，哥伦布首航到达的海地岛才是唯一深受法国大革命影响、动荡剧烈的南美殖民地。1791年，法国国民公会出于一阵突发的博爱与兄弟之情，宣布给予海地的黑人兄弟此前他们白种人独享的一切权利。不过，和他们的冲动一样，很快他们就后悔了。他们马上又声称将先前的承诺收回，因此导致了海地黑人领袖杜桑维尔与拿破仑的内弟勒克莱尔将军之间多年的残酷战争。1801年，勒克莱尔邀请杜桑维尔与之面谈议和的条件，并郑重承诺，决不会利用和谈加害于他。杜桑维尔信以为真，结果被带上一艘法国军舰，不久就在法国的一所监狱死于非命。但最终海地黑人还是赢得了独立。

1804年，海地建立了世界上第一个独立的黑人共和国，成为拉美大陆最先获得独立的国家。在海地革命的鼓舞下，拉丁美洲独立运动轰轰烈烈地开展起来。

1808年5月3日，法国军队枪杀西班牙爱国者

希腊革命和诗人拜伦

　　1821年是个多事之秋，在希腊也发生了反抗土耳其人的暴乱。自1815年起，一个秘密的希腊爱国组织就一直在策划起义。他们突然在摩里亚（古伯罗奔尼撒）宣布独立，赶走了当地的土耳其驻军。土耳其人报复的方式一如从前。他们逮捕了君士坦丁堡的希腊大主教，并在1821年复活节那天绞死了这位许多希腊人和俄罗斯人心中的教皇。还有多位东正教主教也同时被处死。作为报复，希腊人对摩里亚首府特里波利的所有穆斯林进行了疯狂的屠杀。而土耳其人也不甘示弱，袭击了希俄斯岛，2.5万东正教徒被杀，还有4.5万人被卖到亚洲和埃及去做奴隶。

　　希腊人向欧洲各国宫廷求援。可梅特涅（奥地利首相，保守主义政治家和外交家）却说了很多希腊人的坏话。于是，欧洲通往希腊的边界都关闭了，阻止了各国志愿者去援救为自由而战的希腊人民。

　　然而，伟大的拜伦勋爵还是于1824年乘船去南方援助希腊人民。拜伦是一位年轻的英国富家子弟，他曾以自己的诗歌打动了欧洲所有人

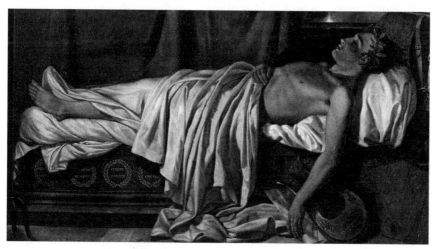

去世的拜伦 约瑟夫·丹尼斯画

英国首相乔治·坎宁

民，让他们流下了同情的热泪。三个月后，拜伦死在希腊最后一块营地迈索隆吉，英雄去世的消息传遍了整个欧洲。诗人英雄式的牺牲激起了欧洲人的激情和想象力。每个欧洲国家都有人们自发组织的援助希腊的团体。拉斐特，这个美国革命的老英雄，在法国为希腊人的事业四处奔走呼吁。巴伐利亚国王向希腊派遣了几百名官兵。总有钱物和补给运到迈索隆吉，支援正在那里挨饿的起义者。

约翰·坎宁是英国首相。他曾挫败了神圣同盟干涉南美革命的企图。现在，他看到这是再次打击梅特涅的好机会。英国与俄罗斯的舰队早在地中海做好了出征的准备，只等一声令下。政府不敢再压制人民支援希腊起义者的热情，派出了军舰。自十字军东征后，法国就一直自命为基督教信仰的捍卫者，它的舰队也不甘落后地在希腊海面出现。1827年10月20日，纳瓦里诺湾的土耳其舰队遭到英、俄、法三国军舰的袭击，彻底被摧毁。在欧洲，这场战役的消息受到了公众的欢迎，其热烈程度史无前例。西欧和俄国人民的自由渴望在国内饱受压抑，通过在想象中参与希腊人民的起义事业，他们得到了极大的安慰。1829年，希腊正式宣布独立，希腊和欧洲人民的付出得到了回报，而梅特涅反动的"稳定"政策再次成为泡影。

第二十一章
机器的时代

在欧洲人为民族独立而奋力抗争的同时，一系列科学技术的
发明让他们所生活的世界也发生了翻天覆地的变化。

"蒸汽时代" 来临

在中世纪，人们已经开始用木头制作少数的几种必需的机器。可木头非常容易磨损。铁这种材料要好得多，但在整个欧洲，出产铁矿的只有英格兰。于是，英格兰兴起了冶炼业。高温猛火是熔化铁的条件。起初，人们的燃料是木材。可随着砍伐，英格兰的森林消失殆尽，人们开始用"石炭"（史前森林的化石，也就是煤）做燃料。众所周知，煤必须从很深的地面下挖出来，然后再运送到冶炼炉。而且，矿坑必须要保持干燥，严防渗水。

这是当时亟待解决的两个难题。最初，人们可以用马拉煤，但解决抽水的问题必须要使用别的机器。为解决这个难题，好几个发明家四处奔忙。他们都知道新机器可以以蒸汽为动力。于是整个欧洲掀起了"蒸汽机"研究的浪潮。丹尼斯·帕平是个法国人，他陆续在几个国家进行过蒸汽机实验。他研制出用蒸汽做动力的小货车和小蹼轮。正当他雄心勃勃，准备驾着自己的小蒸汽船试航时，麻烦却来了。船员工会向政府提出了控告，因为他们担心这种新"怪物"的出现会抢走船员们的生计。帕平的小船被没收了。他倾其所有从事发明，最后在伦敦穷困潦倒而死。不过，当他去世时，另一名机械迷——托马斯·纽科曼正在致力于一种气泵的研究。50年后，一位格拉斯哥机器制造者对纽科曼的发明进行了改进，于1777年向全世界推出了第一台真正具有实用价值的蒸汽机。

到18世纪80年代，当法兰西三级会议召开，代表们忙着讨论那些会彻底改变欧洲政

瓦特

治秩序的重大议题时，瓦特发明的蒸汽机被人们装在了阿克赖特的纺织机上，用蒸汽机来推动纺织机工作。这是个创举，也许看起来毫不起眼，可它却引起了经济与社会生活的重大变革，在世界范围内大大改变了人与人之间的关系。

火车和汽船的发明

当固定式蒸汽机获得成功后，发明家们的注意力立刻转向利用机械装置推动车、船的问题上。瓦特曾推出过"蒸汽机车"的研制计划，可是，他还没来得及完善这一设想，1804年，理查德·特里维西克就制造了一辆火车，它载着20吨货物在威尔士矿区的佩尼达兰奔驰起来。

与此同时，罗伯特·福尔顿，这个美国珠宝商兼肖像画家正在巴黎到处活动。他试图说服拿破仑采用他的"鹦鹉螺号"潜水艇以及他研制的汽船，这样，法兰西海军就能一举摧毁英格兰的海上霸权。

可拿破仑和他的科学顾问们根本不相信这种自动汽船。福尔顿失望地回到了美国。他是一名商人，很讲究实际，他很快就和罗伯特·利文斯顿合伙组建了一家很成功的汽船公司。利文斯顿是《独立宣言》的签字人之一，当福尔顿正在巴黎推销其发明时，利文斯顿正担任美国当时的驻法大使。"克勒蒙特"号是合伙公司的第一条汽船，它的引擎是英国的博尔顿和瓦特制造的，1807年，纽约与奥尔巴尼的定期航班开通了。它很快就垄断了纽约州一切水域的航运业务。

几年后，一个名叫乔治·斯蒂文森的英国人制造出著名的"移动式引擎"。多年来，他一直潜心研制一种机车，这种机车能将原煤从矿区运往冶炼炉和棉花加工厂。现在，他的发明不但让煤价下降了70%，还开通了曼彻斯特与利物浦之间的第一条客运线路。人们终于能以每小时24千米的高速呼啸着从一个城市奔向另一个城市，而这在以前是从未听说过的。

斯蒂文森发明的"火箭"号

电报和电话的发明

在工程师们心无旁骛地钻研着他们的"热力机"的同时，另一群搞"纯科学"的科学家们（也就是那些每天花14个小时研究"理论性"科学现象的人们，没有他们，任何机器的进步都只是一句空话）正深入到大自然最秘密与最核心的领域——"电"力现象中进行研究。

文艺复兴后不久，威廉·吉尔伯特（英国女王伊丽莎白的私人医生）就写出了他那篇著名的探讨磁的特性及表现的论文。在30年的战争中，世界上第一台电动机问世，它的发明者是玛格德堡市长及气泵的发明者奥托·冯·格里克。在之后的一个世纪里，大批科学家们都致力于研究电。这些人把自己的发现公之于世且不求回报。

萨缨尔·摩尔斯（像福尔顿一样原来是艺术家）认为，他能利用这种新发现的电流，把信息从此城市传到彼城市。他打算用铜线和一个小机器来实现目标，这个小机器也是他发明的。人们对他的想法不屑一顾。摩尔斯只好自己出资做实验，积蓄很快被花光。人们对他的嘲笑声更大了。摩尔斯请求国会的帮助，一个特别财务委员会承诺为他提供所需的资金。但是，这些议员们一脑子的政治经，根本不理解摩尔斯的天才想法，也不感兴趣，他只好等了将近12年，才最终拿到一小笔国会拨款。然后，在纽约和巴尔的摩之间他建造了一条"电报线"。1837年，在纽约大学一个人头攒动的讲演厅里，摩尔斯第一次演示了"电报"，而且非常成功。1844年5月24日，一个电报从华盛顿发到巴尔的摩，这是人类历史上第一个长途电报。今天，整个世界布满了形形色色的电报线，我们只要几分钟就能把消息从欧洲发到亚洲。23年后，亚历山大·格拉汉姆·贝尔利用电流原理发明了电话。又过了半个世纪，一个叫马可尼的意大利人在前人的基础上更进一步，发明了一套完全摆脱老式线路的无线通信系统。

人类跨入 "电气时代"

在新英格兰人摩尔斯为他的"电报"奔忙的时候，第一台"发电机"在约克郡人米切尔·法拉第手中诞生了。这台普通的小机器于1831年完工时，并没人注意到这项改变世界的发明，因为当时的欧洲还沉浸于将维也纳会议的美梦彻底颠覆的法国七月革命的巨大震撼中。这台小机器通过不断改进，现在已经能为我们提供热力、照明和开动各种机器的动力。假如我的推想是正确的，那么热力机很快就会被电动机所取代，这和更高等、更完善的史前动物取代他们生存效率低下的邻居们没有什么区别。

如果我是一名可以展开想象翅膀的小说家，而不是实事求是的历史学家，我将会把最后一部蒸汽机车送进自然历史博物馆，并将它停靠在恐龙、飞龙和其他早已灭绝动物的骨架旁的动人情景描写下来。这一天将会令人异常振奋。

第二十二章

社会革命

新机器昂贵的造价穷人是承受不起的。原来在小作坊里独立劳作的木匠和鞋匠们，只得在大机器拥有者的雇佣下靠出卖劳动生活。虽然可以比原来多挣些钱，但同时他们也失去了昔日的自由。这种状况他们并不喜欢。

机器带来的变革

从前，所有的工作都是由端坐在屋前小作坊里的独立劳动者们完成的。他们自己拥有工具，可以随意打骂学徒。他们只要不违反行会的规定，通常能按自己的意愿经营业务。他们生活简朴，为了维持生计每天要工作很长时间。但他们是自己的主人。如果哪天一觉醒来，感觉是个钓鱼的好天气，他们就可以出外钓鱼，没人敢对他们说"不许去"。

可是，这一切都因为机器的使用而发生了改变。

许多城市的人口在短短几年内成倍增长。以前市中心是市民的真正"家园"，现在被一圈圈围上了粗糙而简陋的建筑占据。那些每天在工厂工作11到13个小时的工人们下班后的栖息地就在这里，汽笛声一响，他们又得马上奔回工厂。

到城里挣大钱的消息在广大的乡村地区被传得沸沸扬扬。于是，城市里挤进许多习惯野外生活的农家子弟。他们苦苦挣扎在那些通风不畅的早期车间里，满身烟尘污垢，健康的身体迅速成了过去，结果不是奄奄一息地住进医院，就是在贫民院里悲惨死去。

当然，这并不是在一帆风顺的情形下，就能完成从农村到工厂的转变。既然100个人的工作只需一台机器就能解决，那么因此失业的其余99人肯定会心存不满。袭击工厂、焚烧机器的情形经常出现。可早在17世纪就出现了保险公司，作为一条原则，厂主们的损失通常能得到充分的补偿。

英国矿井里的童工

英国爆发宪章运动

机器的普遍使用，使社会财富迅速增长。机器甚至使英国仅凭自己的力量就能担负反拿破仑战争的庞大费用。那些出钱购买机器的资本家们赚取的利润是难以想象的。他们的野心不断膨胀，从而对政治产生兴趣，他们想与此时仍控制着大多数欧洲政府的土地贵族们较量较量。

在英国，依然按照1265年的皇家法令选举产生了国会议员，议会中竟然连大批新兴的工业中心的代表都没有。1832年，资本家们设法通过了修正法案，改革选举制度，使工厂主阶级对立法机构的影响力更大

断掌工业 没有什么在表达工业时代的恶果时比这幅照片更令人震惊的了。早期的工业社会已变成了疯狂的食人机器，浓烟蔽日的工厂和血淋淋的断指，是对19世纪兴起的所谓"人类的进步"最为直接的控诉。

伦敦街头的乞讨者　热罗姆画

了。不过，因为政府中根本没有工人代表，因此这个举动也引起了成千上万工人的强烈抗议。工人们发动了争取选举权的运动。他们把自己的要求形成一份文件，这就是日后赫赫有名的"大宪章"。有关这份宪章的争论越来越激烈，一直到1848年欧洲革命爆发时还在继续。因为害怕爆发一场新的雅各宾党流血革命，已经八十多岁的惠灵顿公爵被英国政府召回做军队的指挥，英国政府还开始征召志愿军。伦敦到处都被封锁，做好了镇压即将到来的革命的准备。

最后，因为领导者的无能，宪章运动流产了，并没有引发暴力革命。新兴的富裕工厂主阶级（我讨厌宣扬新秩序的信徒们滥用的"资产阶级"一词）控制政府的权力逐渐加强，广大的牧场和麦地继续被大城市的工业生活环境逐步侵占，它们被变成了阴暗拥挤的贫民区。任何一个欧洲城市走向现代化的路途中都伴随着这些贫民区的凄凉注视。

英国宪章运动

第二十三章

奴隶解放

随着大规模使用机器，棉花的需求量不断增长，黑人们不得不比从前更辛苦的劳动。在监工的非人折磨下，他们开始陆续悲惨地死去。这些残暴行径传到欧洲，许多国家掀起了废奴运动。

废奴运动的兴起

西班牙人把奴隶制最先引入美洲大陆。那时，他们曾试着用印第安人做田庄和矿山的劳工。可印第安人只要一脱离野外的自由生活就接二连三地病倒死去。为了避免印第安人整体灭绝，一位好心的传教士提出了这样的建议：从非洲运送黑人来做工。黑人身体强健，经得起恶劣的待遇。而且，每天与白人朝夕相处，他们还可以有机会认识基督，能够拯救自己的灵魂。所以，不管怎么说，无论是对仁慈的白人还是无知愚昧的黑人，这样的安排都很好。可随着大规模使用机器，棉花的需求量不断增长，黑人们不得不比从前更辛苦的劳动。和不幸的印第安人一样，在监工的非人折磨下，他们开始陆续悲惨地死去。

这些残暴行径传到欧洲，许多国家掀起了废奴运动。

在英国，威廉·维尔伯福斯和卡扎里·麦考利成立了一个禁止奴隶制度的组织。首先，他们想通过一项法律，让"奴隶贸易"不再合法。接着在1840年后，奴隶制在所有英属殖民地都被杜绝了。在法国，1848年的一场革命结束了各属地的奴隶制。1858年，葡萄牙人通过了一项法律，许诺在20年内恢复全部奴隶的自由。1863年，荷兰正式废除了奴隶制。同年，沙皇亚历山大二世也把自由还给了他的农奴，而当时，农奴们的自由已经被剥夺了两个世纪了。

在美国，奴隶问题引起了严重的危机，并最终导致了一场内战，这场内战漫长而又艰苦。《独立宣言》开篇就明确提出了"人人生而平等"的原则，可对那些黑皮肤、在南部各地的种植园内做牛做马的人们来说，这条原则是个例外。随着时间的推移，北方人对奴隶制的反感日益加深，而南方人则扬言，如果奴隶劳动被取消，他们就无法维持棉花种植业。在近半个世纪的时间里，这个问题一直让众议院和参议院争论不休。

无论是北方还是南方都坚持自己的立场，毫不退让。当局势发展到无法妥协时，南方各州就以退出联邦来进行威胁。在美国历史上，这是一个异常危险的时刻。

美国南北战争

《解放黑人奴隶宣言》

1860年11月6日，亚伯拉罕·林肯当选美国总统。林肯自学成才，原是伊利诺伊州的律师。林肯是共和党人，强烈反对奴隶制，深知人类奴役的罪恶性质。他精明的常识让他知道，北美大陆绝不容许存在两个敌对国家。南方的一些州退出合众国，成立了"美国南部联盟"，这时，林肯毅然接受了挑战。北方各州开始招募志愿军，政府的号召得到了几十万热血青年的响应，他们应征入伍。一场残酷的战争随之而来，一直持续了4年。

南方战争准备充分。在李将军和杰克逊将军的出色指挥下，南军连连大败北军。之后，新英格兰与西部的雄厚工业实力开始发挥决定性影响。一位默默无闻的北方军官——格兰特将军一鸣惊人，成了这场伟大废奴战争中的查理·马特尔。他向南军发起了猛烈的进攻，攻势犹如暴雨连续不断，不给对手任何喘息的机会。在他的重拳之下，南方苦心经营的防线纷纷瓦解。1863年初，林肯发表了《解放奴隶宣言》，恢复了所有奴隶的自由。1865年4月，在阿波马克托斯，李将军率最后一支骁勇善战的南军投降。几天后，在剧院，林肯总统遭到一个疯子的刺杀。不过，他已经完成了自己的事业。奴隶制在文明世界的各个角落都消失了，只有仍在西班牙统治之下的古巴除外。

南北战争中南军总
司令罗伯特·李

马克思主义的诞生

当人们享受着越来越广泛的自由时，欧洲的"自由"工人却在"自由经济"的捆绑下喘息。他们住在贫民窟里，肮脏阴暗；他们的食物异常粗劣，难以下咽；他们接受的教育少之又少，只能应付工作；万一发生死亡或意外事故，他们的家人就会失去全部依靠。

于是，一些人见到黑烟滚滚的高大烟囱，倾听昼夜轰鸣的火车，看着塞满剩余物资的仓库，陷入深深的思考。他们不禁要问，到底这种巨大的能量想把人类带到哪里，它的最终目的是什么？那种以人类幸福为代价而追求利润的竞争制度就不能取消吗？

像这样憧憬一个更为美好的世界，在许多国家都有发生。卡尔·马克思和弗里德里希·恩格斯是其中最杰出的两位。两个人中，马克思的名气更大。他是一位伟大的学者，全家曾长期在德国定居。听说了英国的欧文与法国的布兰克所做的"社会主义"实验后，马克思开始对劳动、工资及失业问题兴趣大增。可德国警察当局非常仇视他的自由主义思想，他不得不逃到布鲁塞尔，后来又辗转到了伦敦，在伦敦成了《纽约论坛报》的一名记者，生活捉襟见肘。

当时，他的经济学著作并没有得到人们足够的重视。但是在1864年，马克思组织了第一个国际劳工联合组织。又过了三年，他著名的《资本论》第一卷出版了。在马克思看来，整个人类历史就是"有产者"与"无产者"之间的漫长斗争史。机器的引进和大规模使用孕

马克思

育了一个新的社会阶级，也就是资本家。资本家利用自己剩余的财富购买工具，然后再雇佣工人进行劳动创造更多的财富，这些财富再被用来修建更多的工厂。这样循环下去，无穷无尽。同时，根据马克思的观点，第三等级也就是资产阶级会越来越富，而第四等级也就是无产阶级会越来越穷。因此，他大胆推测，总有一天，这种资本的恶性循环会导致一个人独占世界的一切财富，而其他人都将沦为他的雇工，依赖他大发善心生存。

为了防止这种情况的发生，马克思号召所有国家的工人联合起来进行斗争，争取一系列政治经济措施。1848年，《共产党宣言》发表了，在《共产党宣言》中，马克思详细列举了这些措施。

官方对这些观点当然深恶痛绝。为了对付社会主义者，许多国家特别是普鲁士制定了严厉的法律。警察奉命驱散社会主义者的集会，逮捕演说分子。可迫害与镇压并不能带来一点好处。对一种势单力孤的事业而言，殉道者反而是最好的宣传。欧洲各地有越来越多的人信仰社会主义。而且人们很快就明白了，社会主义者并不想发动一场暴力革命，只是利用他们在各国议会里逐渐壮大的势力来促进劳工阶级的利益。社会主义者甚至做了内阁大臣，与进步的天主教徒合作，一起消除工业革命所带来的危害，更合理地分配机器的引进和财富的增长所带来的利润。

第二十四章
殖民扩张与战争

随着机器的广泛使用，欧洲的工厂数量急剧增多，需要的原材料产地也日益增加。欧洲劳工不断膨胀，食品的需求量也稳步扩大。到处都需要开辟更多更丰富的市场。于是，一场殖民扩张竞赛不可避免地发生了。一不留神，还引爆了一场世界大战。

殖民扩张竞赛

　　机器的大规模使用使欧洲强国不再是单纯的政治体，还成了大型企业。它们修筑铁路；开辟并资助通往世界各地的轮船航线；设立电报线路，把不同的属地联在一起。并且，它们稳步扩大自己的殖民地，霸占每一块能够染指的亚非洲土地。

　　法国将阿尔及利亚、马达加斯加、安南（今越南）及东京湾（今北部湾）据为己有。德国声称，西南及东部非洲的一些地区归它所有。它不但在喀麦隆、新几内亚及许多太平洋岛屿上建立了定居点，还借口几个传教士被杀，强占了中国黄海边上的胶州湾。意大利人想在阿比尼西亚（埃塞俄比亚）找点便宜，结果遭到尼格斯（埃塞俄比亚国王）黑人士兵的迎头痛击，无奈之下只得从土耳其苏丹手中夺取了北非的黎波。占领了整个西伯利亚的俄国，又继续向中国的旅顺港进犯。1895年，日本在甲午战争中将中国打败，强占了台湾岛，1905年整个朝鲜又沦为它的殖民地。1883年，埃及开始受到世界上空前强大的殖民帝国——英国的"保护"。这个有着悠久历史的文明古国以前一直受到世界的冷落，但自苏伊士运河在1886年开通后，它就从没间断过外国侵略的威胁。英国成功地实施着自己的"保护"计划，同时获得巨大的物质利益。在以后的30年中，英国发动了一系列的殖民战争。它经过3年苦战，终于在1902年将德瓦士兰和奥兰治自由邦这两个独立的布尔共和国征服了。同时，它鼓励野心勃勃的殖民者塞西尔·罗兹，让他为巨大的非洲联邦打好基础。这个国家的土地范围从非洲南部的好望角一直到尼罗河口，包括所有尚无欧洲主人的大小岛屿和地区。

　　至于美利坚合众国，扩张领土的欲望并不强烈，因为他们拥有的土地已经够多了。但西班牙人在古巴（西班牙在西半球的最后一块领地）的残酷统治，让华盛顿政府不得不采取行动。在一场短暂而平常的战争过后，美国将西班牙人赶出了古巴、波多黎各及菲律宾，同时使后两者成了自己的殖民地。

引爆第一次世界大战

　　好几个世纪以来，欧洲东南角的巴尔干半岛始终充满了血腥，是杀戮与流血之地。19世纪70年代期间，为了争取自由，塞尔维亚、保加利亚、门的内哥罗（现黑山）及罗马尼亚的人民再次揭竿而起。土耳其人在许多西方列强的支持下，极力镇压起义。

　　1876年，保加利亚遭受了一段灭绝人性的屠杀，俄国人民终于忍无可忍。1877年4月，俄国军队渡过多瑙河，以迅雷不及掩耳之势拿下了希普卡要塞。他们紧接着又攻克了普内瓦那，向南长驱直入，一直打到君士坦丁堡的城下。土耳其向英国紧急求援。英国政府站在土耳其苏丹一边，遭到许多英国人的谴责。可首相迪斯雷利决定出面干涉。1878年，俄国被迫签署圣斯蒂芬诺和约，而巴尔干问题却被留给了同年6、7

奥匈帝国王储斐迪南大公视察萨拉热窝

刺杀斐迪南大公的普林希波被捕

月的柏林会议。

在这次会议上，波斯尼亚和黑塞哥维那被柏林会议从土耳其划出，交给了奥地利，成为哈布斯堡王朝的领地并受其统治。奥地利人的工作的确做得很出色。他们把这两块长期被忽视的地区管理得井井有条，比任何一个大英殖民地都不差。可是，这里聚居着大批的塞尔维亚人，它早年曾是大塞尔维亚帝国的一部分，斯蒂芬·杜什汉是大塞尔维亚帝国的创建者，14世纪初期，他曾成功地抵御过土耳其人，使西欧免遭入侵。

乌斯库勃是当时帝国的首府。在哥伦布发现新大陆前150年，乌斯库勃就已经是塞尔维亚人的文明中心，从前的光荣深深地印在塞尔维亚人心中，没有人能忘记。他们憎恨这两个省份有奥地利人。他们觉得这两个地方应该是他们自己的领土，从传统的各方面权利来说都是这样。

1914年6月28日，在波斯尼亚首都萨拉热窝，奥地利王储斐迪南被暗杀。是一名塞尔维亚的学生干的，他的动机很单纯，那就是对国家的热爱。

这是一次可怕的灾难，它是第一次世界大战的导火线，虽然不是唯一的却是直接的，不过，这并不能全怪那个狂热的塞尔维亚学生或他的奥地利受害者。要追根究底还得回到柏林会议的时代，那时的欧洲过度忙于物质文明的建设，却没有注意到老巴尔干半岛上一个被遗忘的古老民族的渴望与梦想。

第二十五章
科学的时代

除了政治和工业革命之外，世界还经历了一场变革，这场
变革比政治和工业革命更深刻、更重大。在饱受长期迫害
之后，科学家们终于赢得了行动的自由。现在，他们正试
图探索那些制约宇宙的基本规律。

对科学的偏见

埃及人、巴比伦人、迦勒底人、希腊人、罗马人都曾对早期科学的模糊观念及科学研究做过贡献。可4世纪，大迁移摧毁了环地中海地区的古代世界，随后兴起的基督教认为科学是人类妄自尊大的一种表现。因为教会认为，科学企图窥探万能的上帝领域内的神圣事物，与《圣经》宣告的七重死罪有着密切的联系。

文艺复兴在一定程度上打破了中世纪的偏见。不过，16世纪宗教改革运动取代了文艺复兴，宗教改革运动非常敌视"新文明"的理想。如果哪个科学家敢逾越《圣经》所划下的狭隘界线，那么他将再次面临极刑的威胁。

很多科学先驱饱受贫困、蔑视和侮辱。他们住在破旧的阁楼，不敢在著作的封面印上自己的名字，也不敢把自己的研究成果公之于众。他们的手稿常常被偷运到阿姆斯特丹或哈勒姆的某家地下印刷所秘密出版。如果他们在教会的敌意面前暴露了，无论是天主教徒还是新教徒对他们都不会有一丁点儿同情。布道者视他们为"异端分子"，并号召教区民众以暴力对付他们。

13世纪最杰出的天才罗杰·培根为了避免教会当局找他的麻烦，被迫长年禁笔。5个世纪过去了，伟大的哲学《百科全书》的编写者们依然时刻在法国宪兵的监视下工作。又经过半个世纪，因大胆质疑《圣经》中所描述的创世故事的达尔文，成了所有布道坛谴责

13世纪英国学者罗杰·培根

的人类公敌。直到今天，对那些冒险进入未知科学领域的人们的迫害仍在继续。

不过，这些都不足为惧。最后，该做的工作还是完成了。到头来，仍然是群众共同分享科学发现与发明创造的最终利益，虽然将这些具有远见卓识的人们看成是不切实际的理想主义者的正是他们。

科学逐渐被认可

兴旺发达的中产阶级是19世纪的主宰，他们建立起自己充满尊严的世界。他们高兴地使用着煤气、电灯以及伟大科学发现所带来的所有实用成果。可对那些纯粹的研究者，那些潜心研究"科学理论"（没有这些理论就不可能取得任何进步）的人们却充满了怀疑。直到不久前，人们才承认了他们的贡献。以前富人们捐献财富来修建教堂，今天，富人们开始捐资修建大型实验室。这些实验室是寂静的战场，在里面，一些沉默寡言的人们正在与人类隐蔽的敌人进行着殊死搏斗。他们甚至常常牺牲自己的生命，只为了未来的人们能够过得更幸福、更健康。

有许多疾病曾被认为是"上帝所为"而且无法治愈，事实上，这些疾病已经被证明只是出于我们自身的愚昧与疏忽。今天，每个孩子都知道，只要注意饮水卫生，就能避免感染伤寒。可是这个简单的事实，医生们却历经多年努力才让人们相信。研究口腔细菌，使人们有可能预防蛀牙。如果必须要拔掉一颗坏牙，我们也不过是深吸一口气，然后欣然去找牙医。1846年，美国报纸报道了用"乙醚"进行无痛手术的消息，这一消息让欧洲的好人们摇头不止。他们认为，"疼痛"是所有生物都必须要承受的，人类居然试图逃脱，这简直是对上帝意志的公然违背。之后又经过了很多年，

哥白尼和上帝的交谈
让·马泰伊科画

人们才普遍接受在外科手术中使用乙醚和氯仿。

　　虽然艰苦，可追求进步的战役毕竟取得了胜利。偏见之墙上的裂口日益增大。随着时间的流逝，古代愚昧这块顽石终于土崩瓦解，追求一个新的、更幸福的社会的人们冲出了包围。

书目